中华经典藏书

小窗幽记

成敏 译注

中华书局

图书在版编目(CIP)数据

小窗幽记/成敏译注. —北京:中华书局,2016.3(2025.3
重印)
（中华经典藏书）
ISBN 978-7-101-11564-2

Ⅰ.小… Ⅱ.成… Ⅲ.①人生哲学-中国-明代②《小窗
幽记》-译文③《小窗幽记》-注释 Ⅳ.B825

中国版本图书馆 CIP 数据核字(2016)第 032831 号

书　　　名　小窗幽记
译 注 者　成　敏
丛 书 名　中华经典藏书
责任编辑　舒　琴
装帧设计　毛　淳
责任印制　陈丽娜
出版发行　中华书局
　　　　　（北京市丰台区太平桥西里 38 号　100073）
　　　　　http://www.zhbc.com.cn
　　　　　E-mail:zhbc@zhbc.com.cn
印　　刷　河北博文科技印务有限公司
版　　次　2016 年 3 月第 1 版
　　　　　2025 年 3 月第 13 次印刷
规　　格　开本/880×1230 毫米　1/32
　　　　　印张 12　插页 2　字数 170 千字
印　　数　163001-173000 册
国际书号　ISBN 978-7-101-11564-2
定　　价　25.00 元

前　言

最近数十年，《小窗幽记》这部书的节选本、全本、翻译本、评注本如雨后春笋般出现。出版热在一定程度上说明了此书在一般读者群中流行的情况，编选者陈继儒的智慧成了吸引读者的金字招牌。

但 1996 年曹铁圈、郭孟良主编的《中华修身处世经典》（1996 年中国人事出版社出版）即在《小窗幽记》的序言中指出，这部书其实与陆绍珩的《醉古堂剑扫》内容相同；清风 2005 年也在《小窗幽记》（中州古籍出版社 2005 年版）前言中指出，根据内容对比，《小窗幽记》即《醉古堂剑扫》；许贵文在《小窗幽记译注》（辽宁教育出版社 2012 年版）前言中，进一步根据陈继儒编选之书基本保留原作出处，对比《醉古堂剑扫》选文不注出处的特点，指出《小窗幽记》不可能是陈继儒的作品。

这其实正是目前《小窗幽记》阅读及出版中最典型的状况：认可这部书内容广博、富有哲理，而对其基本情况包括作者、版本源流莫衷一是。《小窗幽记》与《醉古堂剑扫》两书之间的关系究竟如何？

《醉古堂剑扫》目前发现的最早版本是明天启年间的四色套印本，根据陆绍珩自序、凡例等情况可知这是初版本，国家图书馆善本部藏有残本七卷（全书十二卷）。《小窗幽记》目前看到的最早版本刻于乾隆三十五年（1770），十二卷 4 册，国家图书馆普通古籍部有藏本。

乾隆三十五年（1770）刻本《小窗幽记》赫然印着"云间

陈继儒眉公手辑",开篇是陈本敬所作的序,陈序说"眉公先生负一代盛名,立场高尚,著述等身,曾集《小窗幽记》以自娱,泄天地之秘笈,撷经史之菁华,语带烟霞,韵谐金石,醒世持世一字不落言筌,挥麈风生,直夺清谈之席;解颐语妙,常发斑管之花。所谓端庄杂流漓,尔雅兼温文,有美斯臻,无奇不备。夫岂卮言无当,徒以资覆瓿之用乎?"并指出刻印人崔维东欲将这本好书公诸同好,求序于他。刻印人与作序人都非当时名流,可考事迹少。书前仅一序的状况与明代《小窗清纪》《小窗艳纪》《醉古堂剑扫》等书一序再序甚至多至七八篇序言的情况大不相同。目录页刻有"云间陈继儒眉公手辑,古溪王绍曾西岩论定"字样。

但《小窗幽记》不见于陈继儒的著述名录,却与陆绍珩所辑录之《醉古堂剑扫》内容几乎一致。《醉古堂剑扫》在明末天启四年(1624)刊行,并且流传到日本之后很受欢迎。仅据早稻田大学所藏情况来看,就有嘉永六年(1853)版,池内奉时校订明治十三年(1880)版,嵩山堂1911年再版,星文堂版,文华堂版,有朋堂书店1921年版等版本,诚如李小龙所云:"与国内真本久湮、伪本泛滥不同的是,在日本,未见《小窗幽记》的踪影,而《醉古堂剑扫》则于江户后期开始刊刻,并多次重印。就是当代,也出版了数种认真的日语译本。"而诸多参阅人中,第一位就是陈继儒,采用书目中就有《眉公秘笈》,至于陈眉公究竟参与编选工作没有,实不可知,但书中采用眉公之《安得长者言》《岩栖幽事》等书多条。从每卷卷首的参阅人与编选人名单看,参与实际工作的大约有陆绍珩、汝调鼎、陆绍璡、倪点等几位,这点与序和跋的内容也可相互印证。

就内容看,《小窗幽记》与《醉古堂剑扫》的分卷、每卷卷名、每卷内容基本相同,但是前者对后者进行了少量的改造。可以分为以下几类:

一是删掉了重复的条目。如《醉古堂剑扫》卷二,"青牛帐里，余曲既终；朱鸟窗前，新妆已竟"这条出现两次，在《小窗幽记》中就删掉重复只剩一条。又如《醉古堂剑扫》卷五"能于热地思冷，则一世不受凄凉；能于淡处求浓，则终身不落枯槁"条，在卷一已经出现过，所以《小窗幽记》只在卷一出现，卷五不再重复出现此条。此类例子甚多，兹不赘述。

二是更改了条目顺序。如《醉古堂剑扫》卷三"英雄未转之雄图，假糟丘为霸业；风流不尽之余韵，托花谷为深山"、"清襟凝远，卷松江万顷之波；妙笔纵横，挽昆仑一峰之秀"、"才人经世，能人取世，晓人逢世，名人垂世，高人出世，道人玩世"、"天下无不好谀之人，故诒之术不穷，世间尽是善毁之辈，故谗之路难塞"四条，其中前两条被置于《小窗幽记》卷十，而后两条被置于《小窗幽记》卷一。而卷内条目顺序更改最多的当数第六卷，不一一枚举。

三是改动了字句。《醉古堂剑扫》卷三"居轩冕之中，不可无山林的气味；处林泉之下，须要怀廊庙的经纶"，《小窗幽记》则改为"居轩冕之中，要有山林的气味；处林泉之下，常怀廊庙的经纶"。这种改动，意思不变，但是语气和文字更简洁明快。当然也有改动没有达到好的效果。如《醉古堂剑扫》卷三"霁光分晓，出虚窦以双飞；微阴合暝，舞低檐而并入"条，在《小窗幽记》中作"霄光分晓，出虚窦以双飞；微阴合暝，舞低檐而并入"，且不论这条目引自樊晦《燕巢赋》，其原文即作"霁光"，单从对偶和上下文意来看，"霄"字也远不如"霁"字合适，这种改动，一方面可能出于刻印时工匠的错误，另一方面更多是编选者刻意改造所致。《醉古堂剑扫》卷三"竹外窥莺，树外窥水，峰外窥云，难道我有意无意；鸟来窥人，月来窥酒，雪来窥书，却看他有情无情"中的"鸟来窥人"，《小窗幽记》改为"鹤来窥人"，这故意的雅化，破坏了原文自然随意的氛围，显得刻意矫情，这样的例子亦复不少。

在《小窗幽记》的书名和内容的处理上，我们遵循如下原则：

第一，保留《小窗幽记》的书名和编选者，尊重这部书出现时的面貌。在序言中介绍《醉古堂剑扫》和《小窗幽记》的关系。实际据以整理的版本不是《醉古堂剑扫》原书，而是乾隆三十五年（1770）《小窗幽记》。

由此，在文字的处理上，尊重《小窗幽记》的原貌，除了对明显的错误字词进行修改之外，与《醉古堂剑扫》或者是与所摘录的原文不同的地方，不作改动。只有少数地方，如《醉古堂剑扫》卷三之"囊无阿堵物，岂便求人；盘有水晶盐，犹堪留客"，在《小窗幽记》中变成了"囊无阿堵，岂便求人；盘有水晶，犹堪留客"这一改，把原本的清寒亦不失骨气，寒素亦对朋友热忱的意思改得荡然无存，依《醉古堂剑扫》改之。《小窗幽记》卷六"与衲子辈坐林石上，谈因果，说公案。久之，松际月来，振衣而起，踏树影而归，此日便是虚度"，最后一句在《醉古堂剑扫》中是"此日便非虚度"，若不改动，意思也不通。

但是《小窗幽记》中如"读一篇轩快之书，宛见山青水白；听几句透彻之语，如看岳立川行"，在《醉古堂剑扫》中作"读一篇轩快之书，宛见山青水白；听几句伶俐之语，如看岳立川行"，意思相同，文字相异，依《小窗幽记》原文。又如《小窗幽记》中"五夜鸡鸣，唤起窗前明月；一觉睡醒，看破梦里当年"之句，在《醉古堂剑扫》中是"五夜鸡鸣，唤起窗前明月；一觉睡起，看破梦里当年"，也保留《小窗幽记》原文。

第二，因为篇幅所限，对《小窗幽记》原书作了删节，尽量删减原书意思重复的部分，或者不够精彩的部分，以期保留原书的精华。

虽然诸多学者都指出《醉古堂剑扫》是《小窗幽记》的母本，但是却忽略了这毕竟是不同时代的两部书，而作为后出者，《小窗幽记》有自己的新内容，如卷三便多出"有作用者，器宇定是不凡；有受用者，才情决然不露"、"松枝自是笔，竹叶常浮野客杯"、"且与少年饮美酒，往来射猎西山头"、"瑶草与芳兰而并茂，苍松齐古柏以增龄"、"好山当户天呈画，古寺为邻僧报钟"、"群鸿戏海，野鹤游天"等数条。

虽然总体来说，《小窗幽记》是对《醉古堂剑扫》稍加改造而来的，但也恰是这改动本身自有深意，因为这与编选者所处的时代氛围、风尚习气息息相关。

在修改过程中，《小窗幽记》尽量将晚明人对于时局的愤慨之气减弱，将对时局、时人的尖锐批评变得更为平和，如在卷十中将《醉古堂剑扫》的"我辈腹中之剑，亦何可少，要不必用耳。若蜜口，真妇人事哉"，修改成："我辈腹中之气，亦不可少，要不必用耳。若蜜口，真妇人事哉"；将卷一的"食中山之酒，一醉千日。今世昏昏逐逐，无一日不醉，无一人不醉。趋名者醉于朝，趋利者醉于野，豪者醉于声色车马，而天下竟为昏迷不醒之天下矣。安得一服清凉，人人解醒"，修改成："食中山之酒，一醉千日。今之昏昏逐逐，无一日不醉，趋名者醉于朝，趋利者醉于野，豪者醉于声色车马，安得一服清凉散，人人解醒"。

另外，重要的一点是，《小窗幽记》是一部辑录名言名句之书，所录句子皆有出处，但汇集一处，又自成一书，故相关文字出处，我们不再一一注明，只有少数如果不知道出处，便不知所写是何物的情况才会出注。如卷六"乔松十数株，修竹千余竿；青萝为墙垣，白石为鸟道；流水周于舍下，飞泉落于檐间；绿柳白莲，罗生池砌：时居其中，无不快心"。就算不知道这是白居易《与微之书》中的句子，也毫不影响读者的理解，而这也是《小窗幽记》一类摘录名言名句之书的目的，即把好句子摘出来，让人心生领会，甚至所领会之意，不必拘泥于原作之意。

望读者诸君在阅读《小窗幽记》时，体会到这部撷自群书的精彩片段汇集之书的妙处，展读把玩之际，领略其精神内涵、气质风度、品格品味，开卷有得，心有所悟，心生欢喜。

成敏

2016 年 1 月

目　录

卷一　醒

　　集醒是《小窗幽记》第一卷，所汇集的都是关于"醒"的慧言慧语。所谓"醒"，是指在浊世之中，保持着清醒的头脑和纯真的心灵，不被世俗名声所惑，不为世俗利益所诱，能坚守自己处世为人的底线。

　　"醒"之难能可贵，是因为在浮世尘俗之中，人们为了追逐名利，难免和光同尘，难免会违心，难免会不清醒，甚至不得不揣着明白装糊涂。保持清醒意味着对自己、对世事不肯苟且，宁愿看到真相也不愿掩饰和回避，所以意味着清楚明白地承受痛楚。保持"醒"其实是对内心良知的坚守，也意味着直面痛苦、承担责任。

　　作者在这一卷中指出了当时之世人们求名逐利，沉醉于名利或物质享受中，描绘了从上到下，一派昏醉不清醒的世态。

　　其实，红尘之中，向来皆如此，唯恐求之不得，唯恐得之失去，总是在为了争取什么或者为了保住什么而费尽心机。司马迁在《史记·货殖列传》中指出："天下熙熙，皆为利来；天下攘攘，皆为利往。"这一派熙攘之况，便是世人竞相奔走的真实写照。为了生活，不停奔波，自有其不得已之处；人在江湖，身不由己，内心也真有难言之痛。然竞相奔走，为利为名蒙蔽自己的内心，便使自己变得浮躁不安，时时处于紧张焦灼之中，而一旦人人竞相为此态，整个社会的风气便会呈现出昏昏然的状态，唯以利益为重，唯以浮名为高。这种世风使得人与人之间的相处充满了紧张和周旋，也使人的内心缺少安全感和信任感。昏昏并不是指对于自己的目标和利益不清楚，而是太清楚太充满欲望了，导致人们浑浊了做人的底线，甚至模糊了道德标准。

屈原被流放，在江畔徘徊，渔人问他为什么"世人皆浊，何不淈其泥而扬其波？众人皆醉，何不餔其糟而歠其醨？"也即为什么不同流合污呢？屈原回答说："安能以皓皓之白，而蒙世俗之尘埃乎？"宁愿保持孤独的清醒，也不愿意和其光、同其尘。这展现了一个大写的人的担当精神，也是一个清醒灵魂的写照。

我们不能祈求会有千日之酒，让我们忘记这世间的纷杂。也很难有特效良药，使人们的内心变得安宁清醒，但是认识到自己内心的欲望，认识到自己的挣扎矛盾，认识到世态真相，变得超脱一些，哪怕是暂时的，站在一定的高度俯视自己和世相，能像旁观者一样观察自己，便是理清自己内心，清醒镇定前行的第一步。在那个时刻，在纷繁的脚步声中，便能感受到山花含笑，明月皎皎。

食中山之酒①，一醉千日。今之昏昏逐逐，无一日不醉，趋名者醉于朝，趋利者醉于野，豪者醉于声色车马。安得一服清凉散，人人解醒？集醒第一。

【注释】

①中山之酒：据晋代干宝《搜神记》卷十九记载，中山人狄希能造千日酒，人喝了一醉千日。后以中山酒或者千日酒泛指美酒。

【译文】

饮了中山美酒，一醉长达千日。而今天世人浑浑噩噩争名逐利，没有一天不在醉中，求名的人沉醉于官场之上，逐利的人酣醉在市井之中，有权势的人因音乐女色香车骏马而迷醉，天下简直成了一个昏迷而不清醒的天下了！哪里能得到一剂清凉散，来为人人解酒呢？集醒第一。

倚才高而玩世，背后须防射影之虫①；饰厚貌以欺人，面前恐有照胆之镜②。

【注释】

①射影之虫：晋干宝《搜神记》卷十二提到：有一种动物叫"蜮"，也叫"短狐"，生活在水中，能含沙射人。被射中的人会头痛发热，厉害的至于死亡。唐陆德明《经典释文》中指出，这种叫蜮的虫子，三足，也叫射工，在水中，含沙射人，也有的说是射人的影子。后指背后暗算。

②照胆之镜：传说中的神镜，能照见人的内脏。《西京杂记》卷三《咸阳宫异物》载：汉高祖入秦咸阳宫，见"有方镜，广四尺，高五尺九寸，表里有明，人直来照之，影则倒见。以手扪心而来，则见肠胃五脏，历然无碍。人有疾病在内，则掩心而照之，则知病之所在。又女子有邪心，则胆张心动。秦始皇常以照宫人，胆张心动者则杀之"。

【译文】

倚仗自己的才能高超而玩世不恭，游戏世间，背后便要提防那些暗算之徒；如果伪装忠厚善良来欺骗别人，面前恐怕有照胆镜，能照尽肝胆让人心事无所隐藏。

花繁柳密处，拨得开，才是手段；风狂雨急时，立得定，方见脚根。

【译文】

拨得开繁密的花柳丛，看得清局势，才是真的有能力；在狂风暴雨中站得稳，才能见出定力。

淡泊之守，须从秾艳场中试来；镇定之操，还向纷纭境上勘过。

【译文】

淡泊的节操，是要在繁华俗世的华丽场上磨炼而来；镇定的操守，还要向纷繁复杂的场面上去验证过。

使人有面前之誉，不若使人无背后之毁；使人有乍交之欢，不若使人无久处之厌。

【译文】

使人当面称赞你，不如让别人背后不诋毁你；使人在初识时欢喜与你结交，不如让人和你久处而不生厌。

攻人之恶毋太严，要思其堪受；教人以善勿过高，当原其可从。

【译文】

攻击别人过错的时候不要过于严苛，要考虑他是否承受得了；教导别人从善切莫要求太高，要体谅他能否跟得上。

不近人情，举世皆畏途；不察物情，一生俱梦境。

【译文】

不体贴人情世故，每条路都是你害怕走的艰难之路；不体察世情，就如在梦中生活，一生都难以实现理想。

结缨整冠之态①，勿以施之焦头烂额之时；绳趋尺步之规②，勿以用之救死扶危之日。

【注释】

①结缨整冠：据《左传·哀公十五年》所载："君子死，

冠不免，结缨而死。"是讲子路在卫国的内乱中，忠心护主，最后战斗而死，死前系帽的带子被击断了，他停下来整理，从容而死。

②绳趋尺步：指规行矩步，举止合乎法度。

【译文】

不要在火烧眉毛焦头烂额的危急时刻，还要讲究结缨整冠的从容之态；在救死扶危的紧急之时，也不能再步步遵循规矩、凡事都不失分寸。

议事者身在事外，宜悉利害之情；任事者身居事中，当忘利害之虑。

【译文】

置身事外对事件进行评价和议论的人，应通晓所有利害关系；但负责处理这件事的人置身事中，应当不计利害尽心处理。

俭，美德也，过则为悭吝，为鄙啬，反伤雅道；让，懿行也，过则为足恭，为曲谨，多出机心。

【译文】

俭朴是一种美德，但太过分了就是小气，是鄙俗吝啬，反而有失风雅；谦让，是美好的德行，太过分了就是过于谄媚恭顺，或过于拘泥小节，大部分都是出于深心算计。

怨因德彰，故使人德我，不若德怨之两忘；仇因恩立，故使人知恩，不若恩仇之俱泯。

【译文】

怨恨会因为恩德而更加明显，所以让人感恩我，不如恩怨两忘；正是因为有恩德，所以才有仇恨，所以让人知道感恩，不如恩仇都消。

天薄我福，吾厚吾德以迓之^①；天劳我形，吾逸吾心以补之；天阨我遇^②，吾亨吾道以通之。

【注释】

①迓（yà）：迎接。

②阨（è）：同"厄"，阻塞。

【译文】

上天让我福薄，我就提高我的德性来迎接；上天让我身体劳碌，我就用内心的安逸放松来补偿；上天阻止我有好的际遇，我就用我的修养来使它通达。

事穷势蹙之人^①，当原其初心^②；功成行满之士^③，要观其末路。

【注释】

①势蹙（cù）：走投无路。蹙，紧迫。

②初心：最初的心意，最初的本心。

③功：功业，功绩。行：善行。功成行满指道行圆满，
尤指宗教中最终的得道。

【译文】

遇到事情到了山穷水尽、时势不可回转之人，要谅解
他最初时的动机；而成功之士，要观察他晚节如何。

好丑心太明，则物不契；贤愚心太明，则人不
亲。须是内精明，而外浑厚，使好丑两得其平，贤
愚共受其益，才是生成的德量。

【译文】

对于美和丑心里分得太明白，就与事物不相契合；对于
贤良和愚笨分得太清楚，也让人不可亲近。应该是内里精明，
而外在表现出圆融朴厚，使美与丑、精明和愚笨都得以平
衡，都能够得到各自的好效用，才是上天造物的德性和度量。

仕途虽赫奕，常思林下的风味，则权势之念自
轻；世途虽纷华，常思泉下的光景，则利欲之心自淡。

【译文】

仕途虽然显赫，也要常常有荣华过去之后的退隐之思，
这样追逐权势的念头就会自然减轻；世上的路虽然纷繁浮
华，也要常常思考死后的光景，那么欲念贪念就会自然淡薄。

了心自了事①，犹根拔而草不生；逃世不逃名，

似膻存而蚋还集②。

【注释】

①了心：指摆脱尘世羁绊，自由自在。

②蚋（ruì）：蚊虫。

【译文】

把心里的欲望断绝，诸种俗事就能了断，就像是把草连根拔掉，草就不能再长了；如果逃离俗世，却仍然不想放弃名声，那么就仍然留有腥味还能招来蚊虫。

情最难久，故多情人必至寡情；性自有常，故任性人终不失性。

【译文】

感情是最难持久的，所以到处留情的人最后必然薄情；人的本性有其恒常不变的部分，所以不违背自己本性的人最后不会失掉自己的本性。

喜传语者，不可与语；好议事者，不可图事。

【译文】

喜欢传播小道消息的人，不能和他说话；喜好议论事情的人，不可以与他共同谋划事情。

甘人之语，多不论其是非；激人之语，多不顾其利害。

【译文】

让人觉得甘美的语言，大多是不说他的是非之处；令人愤怒的语言，大多是没有顾及他的利害。

为恶而畏人知，恶中犹有善念；为善而急人知，善处即是恶根。

【译文】

做恶事怕人知道，说明恶中还有善良的念头在；做善事急着让人知道，说明善处就是恶根。

贫士肯济人，才是性天中惠泽；闹场能笃学，方为心地上工夫。

【译文】

贫穷的人愿意周济别人，才是天性中真正的善良带来的福泽；在热闹的场合还能够专心学习，才是心灵中的真正功夫。

贪得者，身富而心贫；知足者，身贫而心富。居高者，形逸而神劳；处下者，形劳而神逸。

【译文】

贪得无厌的人，身家富有而心里贫穷空虚；知足常乐的人，身家贫穷而心里充实富有。身居高位的人，看起来身体安逸，其实神思最为劳碌；地位不高的人，看起来身体劳碌，但是心里却平静安逸。

局量宽大，即住三家村里，光景不拘；智识卑微，纵居五都市中，神情亦促。

【译文】

如果心胸宽广，就是住在偏僻的小地方，也不会有局促的感觉；如果智慧不足见识不高，就是居住在大都市的中心，神情也会局促不安。

惜寸阴者，乃有凌铄千古之志①；怜微才者，乃有驰驱豪杰之心。

【注释】

①凌铄（lì）：欺压，干犯。这里有驾驭的意思。

【译文】

珍惜每一分每一秒的人，才能有凌驾千古的远大志向；对于别人的微小才能也心生怜惜的人，才能有驾驭天下豪杰的雄心。

天欲祸人，必先以微福骄之，要看他会受；天欲福人，必先以微祸儆之①，要看他会救。

【注释】

①儆（jǐng）：同"警"，使人警醒。

【译文】

上天要想给人灾祸，必会先用微小的福分来让他骄傲，看他是不是能够承受；上天要想给人福分，必会先用微小的灾祸来使他警醒，看他是不是能够自救。

世人破绽处，多从周旋处见；指摘处，多从爱护处见；艰难处，多从贪恋处见。

【译文】

世人露出破绽的地方，大多都是从与人交际应酬之处被人发现；指责挑剔的地方，也多是因为出自爱护之心；艰难之处，多是从贪恋之处显现出来。

凡情留不尽之意，则味深；凡兴留不尽之意，则趣多。

【译文】

凡是情意能留下余韵没有全尽，就会意味深长；凡是兴致留有余兴没有全尽，则有更多的意趣在其中。

看中人，在大处不走作；看豪杰，在小处不渗漏。

【译文】

看中等的人，要看他在大节上是否违背规矩；看豪杰，要看他在小处是否有漏洞。

留七分正经，以度生；留三分痴呆，以防死。

【译文】

用七分的正经来度过自己的一生，用三分的痴呆来明哲保身。

轻财足以聚人，律己足以服人，量宽足以得人，身先足以率人。

【译文】

看轻财物便足以使人聚结在他周围，规范自己便足以使人服从，胸襟宽便足以得到人心，凡事亲自率先去做便可以做其他人的表率。

从极迷处识迷，则到处醒；将难放怀一放，则万境宽。

【译文】

在最迷惑的时候参透迷惑，那么无处就不清醒了悟；将难以放怀的事放下了，处境就无所不宽了。

大事难事，看担当；逆境顺境，看襟度；临喜临怒，看涵养；群行群止，看识见。

【译文】

遇到大事和难事，才能看出一个人是否有担当的能力；在逆境和顺境里，才能看出一个人的襟怀度量；到喜事或怒事临头，才能看出一个人的涵养；在人群里议论纷纷之时，才能看出一个人的见识和见地。

安详是处事第一法，谦退是保身第一法，涵容是处人第一法，洒脱是养心第一法。

【译文】

安详是处理事情的最好办法，谦虚退让是保护自身的最好办法，有涵养包容他人是与人相处的最好办法，洒脱不计较是保养心神的最好办法。

积丘山之善，尚未为君子；贪丝毫之利，便陷于小人。

【译文】

累积了像山一样的善行，也未必会成为君子；贪图一丝一毫的便宜，便容易沦为小人。

智者不与命斗，不与法斗，不与理斗，不与势斗。

有智慧的人不与命运抗争，不与法律抵牾，不与真理较劲，也不与大势抗衡。

良心在夜气清明之候，真情在箪食豆羹之间。故以我索人，不如使人自反；以我攻人，不如使人自露。

【译文】

在夜气清爽明净的时候，人容易发现自己的良心，而真情是在简单的饮食细节之中可以显现的。所以我与其要求别人，不如让人自己反思；我与其攻击别人，不如使他自己露出破绽。

不耕而食，不织而衣，摇唇鼓舌，妄生是非，故知无事之人好为生事。

【译文】

不耕田而享有食物，不织布而有衣服穿，卖弄口才逞口舌之能，搬弄是非，所以可知没有正事可做的人就容易惹是生非。

才人经世，能人取世，晓人逢世，名人垂世，高人玩世，达人出世。

【译文】

有才华的人治理社会，能干的人获得成功，明白的人能逢到好时势，有名望的人名垂后世，高洁的人能优游于世，旷达的人脱离俗世。

沾泥带水之累，病根在一"恋"字；随方逐圆之妙，便宜在一"耐"字。

【译文】

拖泥带水这个毛病，病根就在于一个"恋"字；根据形势的变化而调整的妙处，其好处就在于一个"耐"字。

蒲柳之姿，望秋而零；松柏之质，经霜弥茂。

【注释】

蒲草和柳树注重姿态，到秋天就早早凋零了；而松柏注重本质，经历风霜之后却更加茂盛。

人之嗜名节，嗜文章，嗜游侠，如好酒然，易动客气①，当以德消之。

【注释】

①客气：宋儒以心为性的本体，因以发乎血气的生理之性为客气。

【译文】

人们爱好名节，爱好文章，爱好游侠，都像爱好酒气一样，容易引发自己的血气，当修养德性来消除它。

神人之言微，圣人之言简，贤人之言明，众人之言多，小人之言妄。

【译文】
神人的话很微妙，圣人的话很简约，贤人的话很明智，普通人的话很多，小人的话是胡乱瞎说。

有一言而伤天地之和，一事而折终身之福者，切须检点。能受善言，如市人求利，寸积铢累，自成富翁。

【译文】
有时因为一句话就伤害了天地之间的和气，有时甚至因为一件事就折掉了自己终身的福分，所以说话做事一定要检点。能接受好的建议，就像是做生意的人追求利润，一分一厘地积累，自然能成为富翁。

一念之善，吉神随之；一念之恶，厉鬼随之。知此可以役使鬼神。

【译文】
存一个善意的念头，吉祥的神灵就会随之而来；有一丝恶意的念头，可怕的鬼怪就会随之而至。知道这点其实也算是可以驱使鬼神了。

佛只是个了^①，仙也是个了，圣人了了不知了^②。不知了了是了了，若知了了便不了^③。

【注释】

①了：彻悟，了悟。

②了了：明白，清楚。

③"不知了了"二句：知道得不太明白就是明白，若知道得太明白就是不明白。

【译文】

成佛也只是个了悟，成仙也只是个了悟，圣人已经醒悟明白而自己不知道已经参透。正因为不知道自己已经彻悟了，才是真的彻悟，如果知道自己彻悟了，那就是并没有真的彻悟。

忧疑杯底弓蛇，双眉且展；得失梦中蕉鹿，两脚空忙。

【译文】

人一旦有杯弓蛇影的忧疑，便不得安宁，且放宽心地展开双眉；得失就像是梦中用蕉叶盖住的鹿一样，转瞬即难辨真假，还是一场空忙。

善默即是能语，用晦即是处明，混俗即是藏

身，安心即是适境。

【译文】

善于沉默就是能言善辩，知道韬光养晦就是知道如何显现自己，混迹于俗世就是藏身，能安心就是舒适的境地。

气收自觉怒平，神敛自觉言简，容人自觉味和，守静自觉天宁。

【译文】

怒气收敛自然愤怒就渐渐平息，心神收敛自然觉得言语简洁，能宽容对人自然体会出和谐，能谨守安静自然体会到天地安宁。

处事不可不斩截，存心不可不宽舒，持己不可不严明，与人不可不和气。

【译文】

处理事情不可以不斩钉截铁般果断，但心里的本意不可以不宽容，对待自己不可以不严格，对待别人却不可以不和气。

居不必无恶邻，会不必无损友，惟在自持者两得之。

【译文】

居住的地方不必没有坏的邻居，聚会的时候不必没有有害的朋友，只有那些能自律能把握自己的人有所得。

先淡后浓，先疏后亲，先远后近，交友道也。

【译文】

交情先浅后深，先疏远后亲近，先远离后接近，这才是交朋友的道理。

苦恼世上，意气须温；嗜欲场中，肝肠欲冷。

【译文】

人生在世苦恼殊多，所以心气要保持温和；在充满欲望的名利场中，内心要保持冷静。

人当溷扰①，则心中之境界何堪；人遇清宁，则眼前之气象自别。

【注释】

①溷（hùn）扰：烦扰，混乱搅扰。溷，混浊。

【译文】

人在一团混乱扰攘时，心里的境界是很难忍受的；人遇到清静安宁的境遇，眼前所看到的风光和气象自然就不同了。

童子智少，愈少而愈完；成人智多，愈多而愈散。

【译文】

小孩子的智谋少，越少就越是保持了内心的完善和完整；成年人的智谋多，越多心神就越涣散。

无事便思有闲杂念头否，有事便思有粗浮意气否；得意便思有骄矜辞色否，失意便思有怨望情怀否。时时检点得到，从多入少，从有入无处，才是学问的真消息。

【译文】

没事的时候便检点自己是否有闲杂的念头，有事的时候便考虑自己是否浮躁意气用事；得意的时候要自省是否有骄傲矜持的言辞和容色，失意的时候要考虑自己是否有抱怨的情绪。时时检查反省这些，从多变少，从有到无，这才是做学问的关键。

笔之用以月计，墨之用以岁计，砚之用以世计。笔最锐，墨次之，砚钝者也。岂非钝者寿而锐者夭耶？笔最动，墨次之，砚静者也。岂非静者寿而动者夭乎？于是得养生焉。以钝为体，以静为用①，唯其然是以能永年。

【注释】

①"以钝"二句："体"、"用"是中国古代哲学的一对范畴。"体"是根本的、内在的，指本质；"用"是"体"的外在表现，指现象。

【译文】

笔大体上能一月一换，墨的更换要以年来计算，砚则是以百年来计算的。笔最锋利，墨次之，砚是最钝的。难道不是钝的能长寿而锐利的早亡吗？笔是活动最多的，墨次之，砚是最安静的。难道不是安静的能长寿而活动的早亡吗？这样能得到养生的真意。以钝为实质，以静为外在表象，只有这样才能长寿。

透得名利关，方是小休歇；透得生死关，方是大休歇。

【译文】

看透了名利这一关，生命才得到小小的休息；参透了生死这一关，才算是得到大的解脱。

讳贫者，死于贫，胜心使之也；讳病者，死于病，畏心蔽之也；讳愚者，死于愚，痴心覆之也。

【译文】

隐瞒实情忌讳言及贫穷的人，会死于贫困，因为要胜的心使他如此；隐瞒疾病不愿医治的人，会死于疾病，因为恐惧之心遮蔽了他的明智；隐瞒愚状怕别人说他愚蠢的人，会死于愚蠢，因为他的痴笨之心使他倾覆。

多躁者，必无沉潜之识；多畏者，必无卓越之见；多欲者，必无慷慨之节；多言者，必无笃实之心；多勇者，必无文学之雅。

【译文】

浮躁的人，必然没有深沉的见识；多存畏惧心的人，必然没有卓越的见解；充满欲望的人，必然没有慷慨的节操；话语多的人，必然没有诚实忠厚的心；勇力多的人，必然没有彬彬有礼的文雅风度。

剖去胸中荆棘，以便人我往来，是天下第一快活世界。

【译文】

把心里的芥蒂都撇开，使我和别人交往更为自然自在，这便是天下第一快活的世界。

挥洒以怡情，与其应酬，何若兀坐？书礼以达情，与其工巧，何若直陈？棋局以适情，与其竞胜，何若促膝？笑谈以洽情，与其谑浪，何若狂歌？

【译文】

挥洒笔墨是为了怡悦性情，与其应酬往来，不如独自默坐；知书知礼是为了表达情意，但若要周全巧妙，不如直接诉说；下棋布局是为了遣兴娱乐，如果非要竞争取胜，不如促膝而谈；谈笑可以令人性情和谐，与其戏言放荡，不如狂放而歌。

"拙"之一字，免了无千罪过①；"闲"之一字，讨了无万便宜。

【注释】

①无千：形容极多，不计其数。

【译文】

"拙"这个字，免除了无数的罪过；"闲"这个字，讨得了无数的方便。

书画为柔翰①，故开卷张册，贵于从容；文酒为欢场，故对酒论文，忌于寂寞。

【注释】

①柔翰：指毛笔。晋左思《咏史诗》："弱冠弄柔翰，卓荦观群书。"

【译文】

书画都是毛笔作品，所以铺开画卷打开册页，所看重的是从容的气度；作诗文喝酒都是欢乐场上的事，所以对酒品论诗文的时候，不要太过冷清寂寞。

士人不当以世事分读书，当以读书通世事。

【译文】
读书人不应该因世事分心导致不能专心读书，应该通过读书来通晓世事。

意在笔先，向庖羲细参易画①；慧生牙后②，恍颜氏冷坐书斋。

【注释】
①庖羲：即伏羲。古代传说中的三皇之一。
②慧生牙后：原指言外的理趣。

【译文】
意念的形成要在动笔写作之前，就像伏羲氏细细参察万物之象而画了八卦之图；真正的智慧在语言之外，就仿佛是颜回在清冷的书斋中枯坐而领略到智慧。

调性之法，须当似养花天①；居才之法，切莫如妒花雨②。

【注释】
①养花天：指春天牡丹开花时节。因天多轻云微雨，适宜养花，故称。

②炉花雨：摧残鲜花的骤雨称为炉花雨。

【译文】

调养性情的方法，就像轻云微雨的天气一样柔和；培养人才的方法，一定不要像狂风骤雨一样残暴无情。

山穷鸟道，纵藏花谷少流莺；路曲羊肠，虽覆柳荫难放马。

【译文】

路径崎岖很难抵达的大山，哪怕是藏着开满鲜花的山谷也少见那些飞来飞去的黄莺；小路弯曲似羊肠，即使柳荫覆盖也难以放养骏马。

能于热地思冷，则一世不受凄凉；能于淡处求浓，则终身不落枯槁。

【译文】

能在春风得意的时候思量寂寞的时候，那一世就不会遭受凄凉的待遇；能于淡泊之处求浓厚，终身就不会过于萧索。

会心之语，当以不解解之；无稽之言，是在不听听耳。

【译文】

心领神会的话，不必解释也能理解；没有根据的瞎话，听见了也就当没有听见。

佳思忽来，书能下酒①；侠情一往，云可赠人②。

【注释】

①书能下酒：典出宋龚明之《中吴纪闻·苏子美饮
酒》：苏舜钦读《汉书》，常大杯饮酒。其岳丈杜衍
听说，笑曰："有如此下酒物，一斗不为多也。"

②云可赠人：语本陶弘景诗《诏问山中何所有赋诗以
答》："山中何所有？岭上多白云。只可自怡悦，不
堪持赠君。"

【译文】

美妙的情思涌来，书也是能当下酒之物的；豪情一起，
云彩也是可以持来赠人的。

密交，定有夙缘，非以鸡犬盟也①；中断，知
其缘尽，宁关蓁菲间之②。

【注释】

①鸡犬盟：古人结盟要用鸡血或者犬血滴酒中饮之，
以示坚守盟约之决心。

②蓁菲：亦作"蓁斐"。花纹错杂的样子。后因以蓁
斐喻指谗言。

【译文】

亲密的朋友，一定是有前世的缘分，不是因为歃血为盟

才这样的；交情中断，是其缘分到头了，和谗言没有关系。

开口辄生雌黄月旦之言^①，吾恐微言将绝^②；捉笔便惊缤纷绮丽之饰，当是妙处不传。

【注释】

①雌黄：矿物名。古人以黄纸书字，有误则以雌黄涂之，因称改易文字为雌黄。月旦：即"月旦评"，谓品评人物。

②微言：精深微妙的言辞。

【译文】

开口就说人是人非，论人高下，我怕真正的借微言来讲大义的事都绝迹了；拿起笔来便是惊人的缤纷华丽之句，可能精妙之处却不能传达出来。

人不得道，生死老病四字关，谁能透过？独美人名将，老病之状，尤为可怜。

【译文】

人如果不能透彻得道，生死老病这四个关口，谁能看透？唯独美人和名将，临老伤病的状况，更为可怜。

日月如惊丸^①，可谓浮生矣，惟静卧是小延年；人事如飞尘，可谓劳攘矣，惟静坐是小自在。

①惊丸：惊飞的弹丸，喻光阴飞速流逝。

【译文】

岁月飞逝如一掠而过的弹丸，这就是人的一生，只有静卧可以稍稍延年；尘世的事就像是飞扬的尘土，可说是一场纷扰，只有静坐可得片刻自在。

平生不作皱眉事，天下应无切齿人。

【译文】

平日不做亏心事，世上应该没有痛恨你的人。

暗室之一灯，苦海之三老，截疑网之宝剑，抉盲眼之金针。

【译文】

佛教是黑暗的屋子里点燃的一盏灯，是苦海中那掌舵救人出苦海的梢工，是能斩断疑虑之网的宝剑，是可拨开盲人的眼使其重见光明的金针。

攻取之情化，鱼鸟亦来相亲；悖戾之气销，世途不见可畏。

【译文】

争名夺利的心消清了，鱼鸟也会前来亲近；乖张暴戾之气消失了，世上的路都不再可怕。

天下无难处之事，只要两个如之何^①；天下无难处之人，只要三个必自反^②。

【注释】

①两个如之何：语出《论语·卫灵公》："子曰：不曰'如之何，如之何'者，吾未如之何也已矣。"

②三个必自反：语出《论语·学而》："曾子曰：'吾日三省吾身：为人谋而不忠乎？与朋友交而不信乎？传不习乎？'"意谓从各个方面反躬自问。

【译文】

天下没有难以处置的事，只要能深谋远虑；天下没有难以相处的人，只要多多反省自己。

能脱俗便是奇，不合污便是清。处巧若拙，处明若晦，处动若静。

【译文】

能脱离世俗便是奇特，不同流合污就是清正。灵巧机智而显得笨拙，处事明白却看起来像糊涂，在动中就像是在静中一样。

世人皆醒时作浊事，安得睡时有清身？若欲睡时得清身，须于醒时有清意。

世上的人都在醒着的时候做糊涂事，怎么能在睡着时有清洁的身体？要是想在睡着时有清洁的身体，必须在醒着的时候有清醒的内心。

好读书非求身后之名，但异见异闻，心之所愿，是以孜孜搜讨，欲罢不能，岂为声名劳七尺也？

【译文】

喜欢读书不是为了求得死后的荣名，而是为了那些新奇的所见所闻，是心里想要知道的，所以才孜孜不倦地寻求，欲罢不能，哪里是为了名声而令自己的身躯劳碌不堪呢？

一间屋，六尺地，虽没庄严，却也精致；蒲作团，衣作被，日里可坐，夜间可睡；灯一盏，香一炷，石磬数声，木鱼几击；龛常关，门常闭，好人放来，恶人回避；发不除，荤不忌，道人心肠，儒者服制；不贪名，不图利，了清静缘，作解脱计；无挂碍，无拘系，闲便入来，忙便出去；省闲非，省闲气，也不游方，也不避世；在家出家，在世出世，佛何人，佛何处？此即上乘，此即三昧。日复日，岁复岁，毕我这生，任他后裔。

【译文】

一间屋子，只有六尺地，虽然没有佛堂的庄严，倒也精致；以蒲草作成垫子，衣服当成被子，白天可以坐，晚上可以睡；一盏灯，一炷香，击打几声石磬，敲击几声木鱼；佛龛常关着，门也常关着，好人放进来，坏人尽量回避；不必剃发，不必非吃素，虽穿着儒者的衣服，却怀着修道者的心肠；不贪求名，不图谋利，不要清静之缘，却时时计划解脱的方法；没有挂念，也没有拘束束缚，得空便进来，忙碌便出去；省去了是非和闲气，也不必出去四处化缘，也不用回避尘世；在家即是出家，在尘世也便是出离尘世，佛是何人？佛在哪里？这就是上乘的境界，这就是佛家的三昧真义。日复一日，年复一年，度过我这一生，不管后辈如何了。

招客留宾，为欢可喜，未断尘世之扳援；浇花种树，嗜好虽清，亦是道人之魔障。

【译文】

招来客人留下客人，共同欢乐是可喜的，却没有断了尘世里这种互相的依附和牵系；浇花种树，嗜好虽然是清雅的，却也是修道之人的障碍。

人常想病时，则尘心便减；人常想死时，则道念自生。

【译文】

人常常想到得病的时候，那么入世争竞的尘心便会减少；人常常想到死亡的时候，修道的静心自然就会产生。

入道场而随喜^①，则修行之念勃兴；登丘墓而徘徊，则名利之心顿尽。

【注释】

①随喜：佛教语言，指见他人行善而乐意参加，泛指随着众人参加礼节性活动等。旧指游览寺院、随人游玩等。

【译文】

进入寺庙或者道院随喜的时候，修行的念头就勃然而兴；登上山坡上的墓地而徘徊的时候，争名夺利的心思就顿然消失殆尽。

铄金玷玉^①，从来不乏乎谗人；洗垢索瘢^②，尤好求多于佳士。止作秋风过耳，何妨尺雾障天。

【注释】

①铄金：喻众口一词可以混淆是非。《国语·周语下》："众心成城，众口铄金。"
②洗垢索瘢：洗掉污垢后还去寻找瘢痕，喻吹毛求疵。

【译文】

诋毁诽谤，从来不缺少进谗言的人；吹毛求疵，对于优秀的人尤其苛刻。只把它作为耳旁风，小雾是遮挡不了青天的。

真放肆不在饮酒高歌，假矜持偏于大庭卖弄。看明世事透，自然不重功名；认得当下真，是以常寻乐地。

【译文】

真正的放肆不是饮酒的时候放声高歌，假装矜持才偏偏在大众之前卖弄。看透了世事，自然不会看重功名；认得清当下的真相，所以才会常寻到安乐之地。

谈空反被空迷，耽静多为静缚。

【译文】

谈论佛门万物皆空的道理反而被这个空幻的道理给迷惑住了，沉溺在虚静里便往往为虚静所束缚。

旧无陶令酒巾①，新撤张颠书草②；何妨与世昏昏？只问吾心了了。

【注释】

①陶令：即陶渊明，曾为彭泽县令，世称"陶令"。酒巾：典出陶渊明用头上葛巾漉酒之事。《宋书·隐逸传·陶潜》："郡将候潜，值其酒熟，取头上葛巾漉酒，毕，还复着之。"

②张颠：即唐代书法家张旭。史载张旭嗜酒，"每大醉，呼叫奔走，乃下笔，或以头濡墨而书，既醒自

视，以为神，不可复得也。世呼张颠"。

过去没有陶渊明那样的嗜酒之好，最近也把书法的爱好扔掉了；倒不妨与世人一样昏昏沉沉，只是问内心是否清楚明白。

以书史为园林，以歌咏为鼓吹，以理义为膏粱①，以著述为文绣，以诵读为菑畲②，以记问为居积，以前言往行为师友，以忠信笃敬为修持，以作善降祥为因果，以乐天知命为西方。

【注释】

①膏粱：指精美的食物。

②菑畲（zīyú）：指垦荒、耕耘。《尔雅》："田一岁曰菑，二岁曰新田，三岁曰畲。"

【译文】

以书籍经史作为园林，以歌诗吟咏作为吹拉弹唱的音乐，以理法精义作为美味的食物，以著书立说作为华美的衣服，以诵读作为耕田，以做笔记作为积累财物，以前人的贤言懿行作为良师益友，以忠诚信义忠厚恭敬作为修行，以做善事有善果作为因果，以乐天知命作为极乐世界。

云烟影里见真身，始悟形骸为桎梏；禽鸟声中闻自性，方知情识是戈矛①。

【注释】

①情识：犹情欲。

【译文】

在大自然千变万化的云霞烟影里看得到自己的真实本相，方才悟出形骸肉体是精神的枷锁；听自由自在的禽唱鸟鸣而悟到自身的本性，方才知道情欲和识见都是伤害人性的凶器。

平地坦途，车岂无蹶？巨浪洪涛，舟亦可渡；料无事必有事，恐有事必无事。

【译文】

平坦的路途，车子难道就不会翻倒吗？巨浪大波，小船也可以渡过；预料没事必然会有事，恐怕有事必然会没事。

富贵之家，常有穷亲戚来往，便是忠厚。

【译文】

富贵之家，常常有穷亲戚来往，便是忠厚之家。

两刃相迎俱伤，两强相敌俱败。

【译文】

两个刀锋相碰便都会受伤，两个强者相互为敌双方便都会陷入败局。

商贾不可与言义，彼溺于利；农工不可与言学，彼偏于业；俗儒不可与言道，彼谬于词。

【译文】

不可以和做生意的人讨论义，因为他们沉溺于利润和利益的计较中；不可以与农民和工匠讨论学问，因为他们偏执于自己的手艺；不可以与凡俗的儒者讨论道，因为他们常常错误地理解并拘泥于词句。

明霞可爱，瞬眼而辄空；流水堪听，过耳而不恋。人能以明霞视美色，则业障自轻；人能以流水听弦歌，则性灵何害？

【译文】

明艳的云霞很可爱，转眼之间就成空；流水的妙音很动听，听过之后不要留恋。人如果能把美色视作转瞬即逝的明霞，作孽就会减轻；人如果能把乐器及歌声视作流水，就不会伤害自己的性灵。

人言天不禁人富贵，而禁人清闲，人自不闲耳。若能随遇而安，不图将来，不追既往，不蔽目前，何不清闲之有？

【译文】

人们说上天不会阻碍人富贵，但是禁止人清闲，其实是人自己不能闲下来罢了。若是能随遇而安，不图谋将来，不追溯过往，不被现实所遮蔽，如何不能清闲呢？

暗室贞邪谁见？忽而万口喧传；自心善恶炯然，凛于四王考校①。

【注释】

①四王：指佛教里的四大天王，执掌刑罚戒律。

【译文】

在幽暗无人的私室中，本以为忠贞和奸邪谁也不能看见，但所做的恶事和善事却忽然被众人喧哗传播；所以自己内心的善恶之分必须非常清楚，比四大护法天王执掌戒律还要严格。

寒山诗云①："有人来骂我，分明了了知。虽然不应对，却是得便宜。"此言宜深玩味。

【注释】

①寒山：唐代著名诗僧，又称寒山子。

【译文】

寒山有诗说："有人来骂我，我心里是非清楚。虽然不应对，但实际上是得到了好处。"这话应该深刻体会。

冯谖之铗，弹老无鱼①；荆轲之筑，击来有泪②。

【注释】

①"冯谖(xuān)之铗(jiá)"二句:《战国策·齐策》载冯谖贫困时去孟尝君门下做门客,弹铗而歌,说食无鱼,得到了鱼之后,又要车子又要奉送母亲,孟尝君都答应了他,后来他也运用自己的智慧为孟尝君立了大功。

②"荆轲之筑"二句:《史记·刺客列传》载:"高渐离击筑,荆轲和而歌,为变徵之声,士皆垂泪涕泣。"筑,古代乐器。

【译文】

要是今天冯谖弹长剑而歌,恐怕弹到老也没有人给他鱼吃;荆轲击筑悲歌,乐曲声自然令人潸然泪下。

有誉于前,不若无毁于后;有乐于身,不若无忧于心。

【译文】

与其生前享有美誉,不如死后没有毁誉;与其身体享有快乐,不如内心没有忧虑。

富时不俭贫时悔,潜时不学用时悔,醉后狂言醒时悔,安不将息病时悔。

【译文】

富有的时候不节俭到贫穷的时候就会后悔,平常不学习到用的时候就会后悔，喝醉了胡乱说话醒的时候就会后悔，身体安好的时候不调理休息到有病的时候就会后悔。

攻玉于石，石尽而玉出；淘金于沙，沙尽而金露。

【译文】

雕凿石头求取其中的美玉，石头被凿尽了，玉就会显露出来；在沙中淘取金子，沙子被淘尽了，金子就出来了。

丹之所藏者赤，墨之所藏者黑。

【译文】

贮藏丹砂的地方会变成红色，贮藏墨块的地方也会变为黑色。

懒可卧，不可风；静可坐，不可思；闷可对，不可独；劳可酒，不可食；醉可睡，不可淫。

【译文】

犯懒的时候可以躺下，不要吹风；想静的时候可以安坐，不要思虑事情；愁闷的时候要有人相对，不要独自闷坐；疲劳的时候可以喝酒，却不可以多吃东西；醉了可以睡觉，不可以淫乐。

拨开世上尘氛，胸中自无火炎冰兢①；消却心中鄙吝，眼前时有月到风来。

【注释】

①冰兢：恐惧，谨慎。《诗经·小雅·小旻》："战战兢兢，如履薄冰。"

【译文】

拨开世上的迷雾尘霾，看清世事，心中自然就不会有那种焦灼势利小心翼翼战战兢兢之感；把心中鄙薄世俗的各种心态都丢掉，那么眼前便是一片云开月明、春风拂面的好景象。

市争利，朝争名，盖棺日何物可殉蒿里①？春赏花，秋赏月，荷锸时此身常醉蓬莱②。

【注释】

①蒿里：指死人所葬之地。
②荷锸（hèchā）：扛着铁锹，随时准备埋葬死者。《晋书·刘伶传》载刘伶让人带着铁锹跟在后面，准备随时喝酒醉死了便就地埋葬他。

【译文】

做生意就争夺利益，在仕途就争夺名声，到死的时候什么东西是可以带走殉葬的呢？春天赏花，秋天赏月，要离世时，回顾一生觉得此身常常醉处仙境中。

驷马难追，吾欲三缄其口；隙驹易过，人当寸惜乎阴。

【译文】

驷马难追的是人的话，一旦说出，绝对无法收回，所以我想要用三个封条把我的嘴巴封住；时光像白驹过隙一样容易流逝，人应当珍惜每一刻的时光。

万分廉洁，止是小善；一点贪污，便为大恶。

【译文】

一万分的廉洁，只是小小的善行；一点点的贪污，就是莫大的恶行。

炫奇之疾，医以平易；英发之疾，医以深沉；阔大之疾，医以充实。

【译文】

炫耀奇异显示自己不同寻常的毛病，应该用平和易处来医治；卖弄才华的毛病，应该用深沉来医治；爱说大话华而不实的毛病，应该用充实来医治。

贫不足羞，可羞是贫而无志；贱不足恶，可恶是贱而无能；老不足叹，可叹是老而虚生；死不足悲，可悲是死而无补。

【译文】

贫穷不足以让人觉得羞惭，真正可羞惭的是贫穷而缺少志气；卑贱不足以让人觉得可恶，真正可恶的是卑贱而没有能力；年老不足以令人叹息，真正令人叹息的是老了却一事无成虚度此生；死亡不足以让人悲伤，真正令人悲伤的是死了也于事无补。

身要严重，意要闲定；色要温雅，气要和平；语要简徐，心要光明；量要阔大，志要果毅；机要缜密，事要妥当。

【译文】

身体要严肃庄重，意态要闲逸安定；容色要温和文雅，意气要平易温和；语言要简洁舒缓，心地要光明正大；度量要宽宏阔大，意志要果敢刚毅；谋划要严谨周密，做事要妥帖稳当。

富贵家宜学宽，聪明人宜学厚。

【译文】

富贵人家应该多学些宽容，聪明人应该常修习厚道。

休委罪于气化，一切责之人事；休过望于世间，一切求之我身。

【译文】

不要把遭遇的不公不顺归罪于命运，一切都应该从人事上寻找原因；不要对世事抱有过高的期望，一切都应该先要求自身。

世人白昼寐语，苟能寐中作白昼语，可谓常惺惺矣。

【译文】

世上的人常常在白天醒着却说着梦话，若是能在梦中也说出白天清醒的话，可以说是清醒的人了。

观世态之极幻，则浮云转有常情；咀世味之皆空，则流水翻多浓旨。

【译文】

看世态人情极其变幻无常，反而觉得变化无常的白云倒是寻常的情态；咀嚼世间各味总是成空，那么平淡的流水反而是浓厚的美味。

大凡聪明之人，极是误事。何以故？惟聪明生意见，意见一生，便不忍舍割。往往溺于爱河欲海者，皆极聪明之人。

【译文】

一般而言，越是聪明的人，最是耽误事。为什么呢？因为聪明往往就会产生一些主意，意见一产生，就不忍割舍了。沉溺于情爱之河欢欲之场的人，都是极聪明人。

名心未化，对妻孥亦自矜庄；隐衷释然，即梦寐皆成清楚。

【译文】

倘使名利之心没有化解，对妻子儿女也会矜持作态；难言的心事一旦放下，就算在睡梦中都能清醒。

观苏季子以贫穷得志①，则负郭二顷田，误人实多；观苏季子以功名杀身，则武安六国印，害人亦不浅。

【注释】

①苏季子：苏秦，字季子。战国时著名纵横家，主张合纵，即联合六国，对抗秦国。被赵肃侯封为武安君，担任合纵长，佩六国相印，盛极一时。后在齐国被车裂而死。他曾在衣锦还乡时感叹道："且使我有洛阳负郭田二顷，吾岂能佩六国相印乎？"

【译文】

看苏秦因为贫穷而奋发图强，最终得志，那么如果近城有二顷田产，使人安于逸乐，不思进取，实在是耽误人；看苏秦因为功名被杀，那么当初封武安君佩六国相印的风光，也是害人不浅。

节义傲青云，文章高白雪。若不以德性陶镕之，终为血气之私，技能之末。

【译文】

节义比白云还要高洁，文章比白雪还要高雅。如果不以德性来陶冶修炼，最终节义与文章都只能成为逞勇斗气的私心，成为末流的技能。

我有功于人，不可念，而过则不可不念；人有恩于我，不可忘，而怨则不可不忘。

【译文】

我对别人有功，不可以自己念念在心，对人犯下过错却不可以不记在心中；别人对我有恩，我不能忘记，但是怨恨却不能不忘记。

卷二　情

　　这一卷以"情"为题。作者辑录的关于"情"的名言慧句，包括了许多方面，综合起来读，慧心的读者自会发现，这其实是从不同的侧面，阐释"情"的可能意义。既有深沉的家国之情，亦有缠绵的情侣之情，不乏知己好友的相知相悦之情，更有对万事万物的关注和眷恋之情。这是一个有情的世界，也是一个多情的人生。

　　在那个爱情需要别人成全的年代，多少悲欢离合，都更多由父母、上司、师友或者命运左右，不由自己来决定，以至于让人觉得，深挚的爱情，仅有深挚是远远不够的，还需侠客或天意来成全。其实即使是在那样的年代，单有昆仑奴、古押衙、许俊这样的侠客，亦不能玉成一段美好姻缘。之所以得到这样的成全，还是因为情侣之间至情感人，才得有心人玉成。世间若没有有情之人，这些有心侠客的义举又有何用？

　　到了今天，人的感情，更多是由自己的选择而定。说到底，自己便是自己的有心人，唯有珍惜手里的福分，才配得上一段好姻缘，也才配得上一份长久的幸福。

　　"情"，既有相遇相知的喜悦之情，也有求之不得的渴慕之情，也有失之交臂的痛悔之情。从诗经的年代，人们在蒹葭苍苍的秋天，去寻找在水一方的人时，反复吟咏的，是那似近还远的不可及的感觉。也许是无法传递衷情，也许是衷情无法被理解，即使近在眼前，亦是咫尺天涯。人有的时候，还是需要一点梦想，甚至是白日梦的，来安慰自己内心的苦涩和失落。

　　隔着千山万水，即便是春风如醉、草熏风暖里，念着的仍然是远去的人，而秋来雁至，雁自守信年年有归程，离人却音信全无，这样的离情别绪，自是难当。如细雨落梧桐，点点滴滴都是不眠的眼泪。轻愁不可去，愁绪不可解，在人生的一段美丽岁月里，有无可诉说的愁怨，然而，在那些愁怨里，何曾没有美好的思念和祝愿？青春易逝，红颜易老，那些豆蔻丁香般的岁月和恋人，会在某个时刻，袭上你的心头，让你隔着遥远的岁月和世事的积尘，仍然闻到芬芳的味道。

卷二情语云，当为情死，不当为情怨。明乎情者，原可死而不可怨者也。虽然，既云情矣，此身已为情有，又何忍死耶？然不死终不透彻耳。韩翃之柳①，崔护之花②，汉宫之流叶③，蜀女之飘梧④，令后世有情之人咨嗟想慕，托之语言，寄之歌咏；而奴无昆仑⑤，客无黄衫⑥，知己无押衙⑦，同志无虞候⑧，则虽盟在海棠，终是陌路萧郎耳⑨。集情第二。

【注释】

①韩翃（hóng）之柳：唐代许尧佐《柳氏传》写韩翃与柳氏的爱情故事。韩与柳相爱情深，后因战乱及出外为官等原因，阻隔不能相见。韩作词寄柳："章台柳，章台柳，昔日青青今在否？纵使长条似旧垂，也应攀折他人手。"柳复曰："杨柳枝，芳菲节，所恨年年赠离别。一叶随风忽报秋，纵使君来岂堪折？"韩后来得以重回京师，但此时柳氏已被战将沙吒利夺走，韩不胜伤感，虞候许俊去沙吒利家中将柳氏夺回，韩柳终得团聚，经皇帝准许，柳氏归韩翃。

②崔护之花：唐孟棨《本事诗·崔护》记载崔护清明日独游都城南，因口渴寻水叩开一户人家，与这家开门的女子一见钟情。来年清明再访，却发现门扉紧闭，于是题诗于左扉："去年今日此门中，人面桃花相映红。人面不知何处去，桃花依旧笑春风。"过几天后再去，却发现女子因见诗伤感绝望而死，

家人正在哭泣。崔护在她身边哭泣不止，女子竟然醒转，二人结成夫妻。

③汉宫之流叶：唐范摅《云溪友议》"题红怨"说唐宣宗时中书舍人卢渥在御沟里捡到一枚红叶，上面题诗云："流水何太急，深宫尽日闲。殷勤谢红叶，好去到人间。"后来宫中放出宫女，和卢渥结婚的宫女正是当年题诗于红叶上的人。《本事诗》载顾况与宫女的故事亦类此。

④蜀女之飘梧：《玉溪编事》载侯继图在大慈寺楼倚栏赏景，有梧桐叶飘落而下，上面有诗："拭翠敛蛾眉，郁郁心中事。搦管下庭除，书成相思字。此字不书石，此字不书纸。书在桐叶上，愿逐秋风起。天下有心人，尽解相思死。天下负心人，不识相思字。有心与负心，不知落何地。"后侯继图与成都任姓小姐结婚，婚后始知诗即为任小姐所做。

⑤奴无昆仑：唐传奇《昆仑奴》写崔生与当时贵官家的歌伎红绡一见钟情，他的家仆昆仑奴帮助他与红绡相会，并且飞越高墙将红绡背回崔生家，成全了这对情侣。后来事情败露，昆仑奴遭到追捕，逃脱后卖药于东湖。

⑥客无黄衫：蒋防《霍小玉传》写士人李益与霍小玉相爱，霍小玉自知出身低微，与李益约定相守八年，然后出家为尼，令李益婚娶，但是李益负约娶了卢氏。霍小玉知道后伤心欲绝，求一见而不得。后来有黄衫客把李益劫持到小玉家，相见之下，霍

小玉伤心而死。

⑦知己无押衙：唐薛调《无双传》写王仙客自小与表妹刘无双青梅竹马，经战乱后无双父母因从叛党而被杀，无双被收到宫中做宫女。王仙客费尽苦心，得古押衙的帮助，古生设计让无双服药假死而后赎出其尸，无双几日后醒来，古生杀死了参与营救过程的所有人并且自杀，无双和王仙客得以成为夫妇。

⑧虞侯：即上文"韩翃之柳"中的虞侯许俊。

⑨陌路萧郎：萧郎是女子称呼所钟情的男子。《列仙传》载秦穆公女弄玉喜欢音乐，与善吹箫的少年萧史成为夫妇，后夫妻一起乘凤凰成仙而去。《太平广记·卷第一百七十七·于頔》载秀才崔郊与其姑母的婢女相互爱慕，但其姑母将此女卖给了一位显贵于頔。崔郊感伤不已，寒食节两人偶然邂逅，崔作诗《赠去婢》："公子王孙逐后尘，绿珠垂泪滴罗巾。侯门一入深如海，从此萧郎是路人。"显贵知道后，将婢女赠与了崔郊，成全了这对情侣。

【译文】

　　应该为情而死，不应该为情而怨恨。真正明白情的人，原就是可以为情而死却不可以抱怨的人。虽然如此，既然谈到了情，这一身都贡献给了情，又怎么舍得死去呢？然而不死是终究不会透彻了悟的。就像韩翃与柳氏、崔护与给他水喝的姑娘，卢渥与题诗红叶之上的宫女，侯继图与那位在梧叶上题诗的任小姐，他们之间悲欢离合的情缘，令后代有情人叹息倾慕，写作传奇，书写诗歌；但是如果没有昆仑奴、黄衫客、古押衙、许俊这样的豪杰知己成全，那么像崔生与红绡、李益与霍小玉、王仙客与刘无双、韩翃与柳氏即使有盟约和誓言，终究也不能成为眷侣，最终有情人也只能是陌路。

　　家胜阳台①，为欢非梦；人惭萧史，相偶成仙。轻扇初开，忻看笑靥；长眉始画②，愁对离妆。广摄金屏，莫令愁拥；恒开锦幔，速望人归。镜台新去，应余落粉；熏炉未徙，定有余烟。泪滴芳衾，锦花长湿；愁随玉轸③，琴鹤恒惊。锦水丹鳞④，素书稀远；玉山青鸟⑤，仙使难通。彩笔试操，香笺遂满；行云可托，梦想还劳。九重千日，讵想倡家？单枕一宵，便如浪子。当令照影双来，一鸾羞镜⑥；勿使推窗独坐，嫦娥笑人。

【注释】

①阳台：宋玉在《高唐赋》中虚构了楚之先王与神女相恋的故事。以"阳台"指男女欢会之地。

②长眉始画：《汉书·张敞传》载汉京兆尹张敞为妻子画眉之事。后指夫妻恩爱。

③玉轸：指玉石做的弦柱，指代琴。唐代李贺《追和柳恽》诗："酒杯箬叶露，玉轸蜀桐虚。"

④锦水丹鳞：《古诗十九首·饮马长城窟》云："客从远方来，遗我双鲤鱼，呼儿烹鲤鱼，中有尺素书。"后人以鲤鱼来代指书信或者信使。

⑤青鸟：《山海经》中提到青鸟，郭璞注曰青鸟是为王母娘娘取食的，后以青鸟指代信使。唐李商隐《无题》诗："蓬山此去无多路，青鸟殷勤为探看。"

⑥"当令"二句：鸾鸟是古代传说中的神鸟。据《异苑》载："鸾睹镜中影则悲。"《太平御览》卷916引南朝宋范泰《鸾鸟诗序》中记载了一个鸾鸟三年不鸣、一朝见到镜中影子长鸣而绝的故事。

【译文】

夫妻和美，家里远胜阳台，夫妻欢会不是梦境；惭愧于不像萧史那样俊美多才，佳偶双双成仙。当遮面的扇子撤去，欣喜地看到美人的笑颜；夫妻在闺房画眉取乐，转眼就要忧愁地面对离别的妆颜。设置宽阔的屏风，不要令自己一直哀愁；常常打开帷幔，盼望远行的人归来。刚刚离开妆台，想必还有余落的脂粉；熏香的炉子还未搬走，肯定还有袅袅余烟。眼泪滴落在芳香的被子上，令上面刺绣的花朵长久被打湿；悲愁之意在琴声里透出，琴鹤都常常感到惊心。锦水鲤鱼，也不能常常传来遥远的你的书信；玉山的青鸟，就算是仙人的使者也难以与你通达音信。拿起彩笔写信，芬芳的信笺便已写满；流动的云是可以托付的，只是梦里亦未停止思念。离开这么久相隔这么远，哪里想到在外寻欢？孤枕长夜，便如流浪在外的人。真是希望如鸾鸟一般双双站立在镜前，不要令人像一只鸾鸟那样孤单伤感；不要开窗独坐，令嫦娥嘲笑你的孤单。

几条杨柳，沾来多少啼痕？三叠阳关①，唱彻古今离恨。

【注释】

①三叠阳关：唐王维有《送元二使安西》一诗，后人以之谱成琴曲，写送别之意。据苏轼考证说三叠是指除第一句外其他每句皆再唱两遍，谓之三叠。清代《琴学入门》把全曲共分三大段，用一个基本曲调将原诗反复咏唱三遍，故称"三叠"。

【译文】

几条杨柳，惹得许多人伤心流泪；《阳关三叠》之曲，唱透了千古以来的离愁别恨。

世无花月美人，不愿生此世界。

【译文】

这世上若没有鲜花明月和娇美的人，便不愿意生活在这世上。

罄南山之竹，写意无穷；决东海之波，流情不尽；愁如云而长聚，泪若水以难干。

【译文】

把南山的竹子都砍光做成竹简，也不能够写完心中的情意；令东海的波涛决堤横流，也不能够把我心中的真情流光；忧愁就像云彩一样久久聚集，泪水就像是流水一般难以干透。

弄绿绮之琴①，焉得文君之听②？濡彩毫之笔，难描京兆之眉；瞻云望月，无非凄怆之声；弄柳拈花，尽是销魂之处。

【注释】

①绿绮之琴：司马相如为梁王做《如玉赋》，梁王把名琴绿绮赠给他。

②文君：即卓文君。司马相如用绿绮琴弹奏《凤求凰》，对文君表明心意，文君与之私会，后结成夫妻。

【译文】

即便弹奏的是绿绮琴，哪里会有文君那样的知音来倾听？就算把彩毫笔濡湿，也难以画出张敞那样的夫妻情深；看到彩云和明月，听来全都是凄凉悲怆之声；寻欢作乐，到处都是黯然销魂的地方。

花柳深藏淑女居，何殊三千弱水①？雨云不入襄王梦，空忆十二巫山。

【注释】

①三千弱水：传说蓬莱仙山周围的海水为弱水，不能浮物。

【译文】

深藏着淑女居所的花丛柳林，无异于蓬莱仙岛周围无法渡越的三千弱水；神女的朝云暮雨，连襄王的梦里都无法进入，只能徒然回忆巫山十二峰的景色。

万里关河，鸿雁来时悲信断；满腔愁绪，子规啼处忆人归。

【译文】

相隔着迢递万里的关山长河，悲哀于大雁来时音信依然断绝；满腔的愁怅思绪，听到杜鹃鸟的叫声更忆离人归来时。

豆蔻不消心上恨①，丁香空结雨中愁。

【注释】

①豆蔻（kòu）：古人常用豆蔻指妙龄少女。

【译文】

如豆蔻般美丽的妙龄少女心头有着难释的遗憾，似丁香般芬芳雅致的女子徒然在雨中结着愁怨。

月色悬空，皎皎明明，偏自照人孤另；蛩声泣露，啾啾唧唧，都来助我愁思。

【译文】

明月高挂在空中，月色皎然明亮，本是团圆的时刻，却偏偏映照着离人的孤单；蟋蟀在露重的夜里悲鸣，啾啾唧唧，无论是月光还是这悲鸣，都让我的愁思更加深长。

　　慈悲筏①，济人出相思海；恩爱梯，接人下离恨天②。

【注释】

①慈悲筏：佛家常以筏作喻，修习佛法得解脱为渡人。
②离恨天：佛都所曰六欲天之一。又作忉利天。位居
　　欲界第二天之须弥山顶上，四方各有八城，加中央
　　一城，合为三十三天城。后指相爱的男女不能相见
　　之况。

【译文】

以慈悲作筏子，可以助人渡出相思之海；用恩爱为梯
子，可以将人从离恨天接下来。

　　黄叶无风自落，秋云不雨长阴。天若有情天亦
老，摇摇幽恨难禁。惆怅旧人如梦，觉来无处追寻。

【译文】

　　黄叶没有风也会自然飘落，秋云不下雨也常常是阴天。
苍天要是有情，苍天也会老去，内心连绵的幽思遗憾很难
控制。令人惆怅的是往日的欢乐就像一场梦，梦醒以后没
有地方可以追寻。

　　蛾眉未赎，谩劳桐叶寄相思；潮信难通，空向桃

花寻往迹。

【译文】

　　佳人没有赎身，以桐叶写诗叙说相思亦是无用；消息难以传达，只能徒然向着桃花来追寻往日痕迹。

　　阮籍邻家少妇有美色①，当垆沽酒，籍尝诣饮，醉便卧其侧。隔帘闻堕钗声，而不动念者，此人不痴则慧，我幸在不痴不慧中。

【注释】

　　①阮籍：字嗣宗，"竹林七贤"之一，旷达嗜酒。

【译文】

　　阮籍邻居家的少妇长得很美，在酒店里卖酒，阮籍曾经到她的店里喝酒，醉了便躺在她的身边。隔着帘子便可听到妇人头上钗子掉落的声音，心里却不生欲念，这个人不是痴呆便是太有智慧，幸亏我既不痴呆也不太有智慧。

　　桃叶题情①，柳丝牵恨。胡天胡帝②，登徒于焉怡目③；为云为雨，宋玉因而荡心④。

【注释】

　　①桃叶题情：晋代王献之有爱妾桃叶、桃根。他曾在秦淮河送别桃叶，作《情人桃叶歌二首》："桃叶复桃

叶，渡江不用楫。但渡无所苦，我自迎接汝。桃叶
复桃叶，桃叶连桃根。相连两乐事，独使我殷勤。"

②胡天胡帝：形容女子美貌若天仙。《诗经·鄘风·君
子偕老》："胡然而天也！胡然而帝也！"

③登徒：宋玉在《登徒子好色赋》中描绘了一个好色
而不辨美丑的登徒子形象。

④宋玉：战国时楚国的辞赋家。

【译文】

做桃叶之歌来写离别的情意，柳丝也牵引着离愁别恨。
美丽的女子，好色之徒为之悦目；欢会之时，连宋玉也会
为之动心。

蝴蝶长悬孤枕梦，凤凰不上断弦鸣。

【译文】

蝴蝶在孤枕而眠的人梦中长飞，凤凰不在断弦琴的琴
音里鸣叫。

孤鸿翱翔以不去，浮云黯霴而荏苒①。

【注释】

①黯霴（ànduì）：云黑的样子。

【译文】

孤单的大雁翱翔着不肯离去，黑色的浮云连绵不断地
积聚。

楚王宫里①，无不推其细腰；魏国佳人，俱言讶其纤手。

【注释】

①楚王：《韩非子·二柄》载："楚灵王好细腰，而国中多饿人。"

【译文】

楚王宫里，没有人不赞赏她的细腰；魏国的美女，全都惊讶于她玉手的纤美。

传鼓瑟于杨家①，得吹箫于秦女②。

【注释】

①杨家：西汉杨恽（yùn）在《报孙会宗书》中提到他的妻子"赵女也，雅善鼓瑟"。

②秦女：指秦穆公的女儿弄玉。

【译文】

鼓瑟的技艺传自杨家，吹箫的技能得之于弄玉。

春草碧色，春水渌波，送君南浦，伤如之何？

【译文】

青草正自苍翠，春水荡漾着绿波，在南浦送你离开，内心是如此悲伤。

玉树以珊瑚作枝，珠帘以玳瑁为柙①。

【注释】

①柙（xiá）：匣。

【译文】

玉树用珊瑚来做成树枝，珍珠的帘子用玳瑁作为帘匣。

静中楼阁春深雨，远处帘栊半夜灯①。

【注释】

①"静中"二句：摘自唐代韩偓的诗《倚醉》，全诗为：
"倚醉无端寻旧约，却怜惆怅转难胜。静中楼阁春
深雨，远处帘栊半夜灯。抱柱立时风细细，绕廊行
处思腾腾。分明窗下闻裁剪，敲遍阑干唤不应。"

【译文】

静谧之中在楼阁深处倾听春雨，只看到远处的帘栊和
夜半的灯光。

但觉夜深花有露，不知人静月当楼。何郎烛暗
谁能咏①？韩寿香熏亦任偷。

【注释】

①何郎：南朝梁何逊《临行与故游夜别》诗曰："夜
雨滴空阶，晓灯暗离室。"后人用"何郎烛暗"写
别离。

【译文】

只觉得夜深了花上有露水，不知道人静之后明月朗照高楼。遇到韩寿一样的男子纵情相会，只是离别的灯光暗下来谁能像何逊那样吟咏离别的诗句？

阆苑有书多附鹤①，女床无树不栖鸾②。星沉海底当窗见，雨过河源隔座看③。

【注释】

①阆苑：传说在昆仑山之巅，为西王母所居的地方，后泛指仙人所居之所。这两联诗摘自李商隐《碧城三首（其一）》，全诗为："碧城十二曲阑干，犀辟尘埃玉辟寒。阆苑有书多附鹤，女床无树不栖鸾。星沉海底当窗见，雨过河源隔座看。若是晓珠明又定，一生长对水精盘。"

②女床：《山海经·西山经》："西南三百里，曰女床之山……有鸟焉，其状如翟而五彩文，名曰鸾鸟。"

③河源：即黄河之源，此处指银河。传说汉代张骞为寻河源，曾乘槎直至天河，遇织女、牵牛。

【译文】

仙人居住处书信多是通过白鹤传递，女床山上没有树木鸾鸟无枝可栖。当窗看到星沉月落到海底，雨后隔座看到星河在身畔。

风阶拾叶，山人茶灶劳薪；月径聚花，素士吟坛绮席。

【译文】

在风中台阶上捡拾落叶，山野之人用来在茶灶里当作柴薪；月光沐浴的小径上聚起落花，作为布衣之士吟诗的高台和绮丽的筵席。

山翠扑帘，卷不起青葱一片；树阴流径，扫不开芳影几层。

【译文】

山里草木的翠色映到帘子上，卷不起那一片葱绿；树阴落在小径上，扫不开那层层的花影。

多恨赋花，风瓣乱侵笔墨；含情问柳，雨丝牵惹衣裾。

【译文】

心存许多离恨来写花赋，风中的花瓣使笔墨变得散乱；饱含了感情去询问柳树，雨丝便牵沾在衣裾之上。

亭前杨柳，送尽到处游人；山下蘼芜①，知是何时归路？

【注释】

①蘼芜：一种香草。汉乐府有一首《上山采蘼芜》，写

被抛弃的女子在采蘼芜时和前夫相遇，有一番对话。

【译文】

长亭前的杨柳，将各处的游子都送尽；山下的蘼芜，哪里知道什么时候才是归途？

天涯浩渺，风飘四海之魂；尘士流离，灰染半生之劫。

【译文】

天涯广大辽远，风里吹动着四海的游子之魂；世士游走奔波，灰尘沾染着半生的劫难。

幽情化而石立①，怨风结而冢青②。千古空闺之感，顿令薄倖惊魂。

【注释】

①幽情化而石立：南朝宋刘义庆《幽明录》记载："相传昔有贞妇，其夫从役，远赴国难，其妇携弱子饯送此，立望夫而化石，因以名焉。"

②怨风结而冢青：汉王昭君出塞和亲，死后坟墓被称为"青冢"。

【译文】

幽深的感情使人化成石头，长久伫立，含怨的风儿聚结而成为青冢。千古以来空闺寂寞忠贞之情，顿时令那些薄情的人感到惊心。

一片秋山，能疗病容；半声春鸟，偏唤愁人。

【译文】

一片秋天的山峦，能治疗患病人憔悴的容颜；春鸟时断时续的鸣叫，偏偏将愁闷人唤醒。

缘之所寄，一往而深。故人恩重，来燕子于雕梁；逸士情深，托凫雏于春水。好梦难通，吹散巫山云气；仙缘未合，空探游女珠光①。

【注释】

①游女：传说中汉水的一位女神。东汉张衡《南都赋》："游女弄珠于汉皋之曲。"李善注引汉刘向《列仙传》："江妃二女出游于江汉之湄，逢郑交甫，见而悦之，不知其神人也。交甫下请其佩，遂手解佩与交甫。交甫悦，受而怀之。去数十步视佩，空怀无佩。顾二女，忽然不见。"

【译文】

缘分所托，一往情深。故人恩情深重，使燕子年年飞来雕梁筑巢；高逸之士感情深厚，托情于幼凫在春水上浮游。好梦是难通的，风吹散了巫山的云气，使得好事不成；仙人缘分未到，郑交甫只是徒然探到神女的珠光。

对妆则色殊，比兰则香越。泛明彩于宵波，飞澄华于晓月。

【译文】

对着上妆的女子，芙蓉的颜色更为特别；比起兰花，芙蓉的香味更为清越。在清波之上泛起明艳的光彩，在晓月之下飞起一片澄澈的光华。

临风弄笛，栏杆上桂影一轮；扫雪烹茶，篱落边梅花数点。

【译文】

临风吹笛，栏杆上挂着一轮明月；扫雪煮茶，篱笆边露出几朵梅花。

银烛轻弹，红妆笑倚，人堪惜情更堪惜；困雨花心，垂阴柳耳①，客堪怜春亦堪怜。

【注释】

①柳耳：生于柳树上的木耳。韩愈《独钓》诗之二："雨多添柳耳，水长减蒲芽。"

【译文】

轻轻弹掉银烛上的烛花，红妆的美女含笑倚偎，人值得怜惜，这份情更值得珍惜；连绵的阴雨伤损花心，柳树因雨多生出了柳耳，为客的人值得怜惜，而春天更值得怜惜。

肝胆谁怜？形影自为管、鲍①；唇齿相济，天涯孰是穷交②？兴言及此，辄欲再广绝交之论③，重作署门之句④。

【注释】

①管、鲍：春秋时期的名臣管仲和鲍叔牙，为知音和
　生死交。

②穷交：指患难之交。《汉书》之《游侠传序》云："赵
　相虞卿弃国损君，以周穷交魏齐之厄。"

③绝交之论：《后汉书·朱乐何列传》："（朱）穆又著
　《绝交论》，亦矫时之作。"

④署门之句：《史记·汲郑列传》写汲郑当廷尉时宾客
　满门，而罢官后门可罗雀。后来又复官，宾客还想
　来，他便在门上写了"一死一生，乃知交情。一贫
　一富，乃知交态。一贵一贱，交情乃见"。

【译文】

有谁能怜惜肝胆相照的情谊？只能和自己的影子结成
生死之交；唇齿相依，天涯谁是患难之交？说到这里，就
想再扩展朱穆的《绝交论》，重新书写如汲郑写在门上那样
的句子。

燕市之醉泣①，楚帐之悲歌②，歧路之涕零③，
穷途之恸哭④，每一退念及此，虽在千载以后，亦
感慨而兴嗟。

【注释】

①燕市之醉泣：《史记·刺客列传》写荆轲嗜酒，每天

与屠狗的屠户还有高渐离在燕市喝酒，喝到兴起，高渐离击筑，荆轲唱歌，很是高兴，但过一会儿就相对哭泣，旁若无人。

②楚帐之悲歌：《史记·项羽本纪》写项羽兵败垓下，四面楚歌。

③歧路之涕零：《荀子·王霸》写杨朱外出，遇上岔路而痛哭。

④穷途之恸哭：《晋书·阮籍传》："时率意独驾，不由径路，车迹所穷，辄痛哭而返。"

【译文】

在燕国市场上荆轲与高渐离醉中的哭泣，兵败被围时大帐外面楚人的悲歌，杨朱遇到歧路时不知所择的痛哭，阮籍出游到路的尽头返回时的大哭，每次一想到这些，即使那些事情已经发生了千年，我也为之感慨叹息。

陌上繁华，两岸春风轻柳絮；闺中寂寞，一窗夜雨瘦梨花。芳草归迟，青骢别易，多情成恋，薄命何嗟？要亦人各有心，非关女德善怨。

【译文】

小路上花开正盛，江水两岸正是轻风吹拂柳絮；女子闺中寂寞，看窗外夜雨瘦损梨花。芳草正青，游子迟归，男子骑着骏马容易别离，多情成就爱恋，但是薄命无缘只能叹息。重要的是人人各自心里有情意，不关女子善于抱怨的事。

深花枝，浅花枝，深浅花枝相间时，花枝难似伊。巫山高，巫山低，暮雨潇潇郎不归，空房独守时①。

【注释】

①"深花枝"一段：上句摘自北宋欧阳修《长相思》，下句摘自唐代白居易《长相思》。

【译文】

深色的花枝，浅色的花枝，深色和浅色的花枝相杂在一起，花枝也比不上你。巫山高，巫山低，傍晚雨声潇潇情郎不回返，女子独守空房时。

初弹如珠后如缕，一声两声落花雨。诉尽平生云水心，尽是春花秋月语。

【译文】

开始像是珠子弹起，后来又不绝如缕，一声两声是那洒落在花中的雨。这声音说尽了一生如云似水变幻的心境，用的全是春花秋月的语言。

琵琶新曲，无待石崇①；箜篌杂引，非因曹植②。

【注释】

①石崇：西晋巨富，喜奢侈。他在《王明君辞序》中说自作琵琶新曲。

②箜篌杂引：曹植作有《箜篌引》，通过歌舞酒宴上乐极悲来的感情变化，写出了人生苦短的感慨和建立不朽功业的渴望。

【译文】

佳人自制琵琶新曲，不必等待石崇来创作；自创箜篌杂引，不必因袭曹植的作品。

醉把杯酒，可以吞江南吴越之清风；拂剑长啸，可以吸燕赵秦陇之劲气①。

【注释】

①"醉把"一段：摘自宋马存《赠盖邦式序》。马存的文章是告诉朋友盖邦式，如果想学司马迁的文章，那就先像司马迁一样游历山川，遍览古迹，增加阅历，培养气势，方能写出好文章。

【译文】

醉里把酒，气势可以吞吐江南吴越之地的朗朗清风；拂剑长啸，魄力可以吸尽燕赵秦陇之地的刚劲之气。

那忍重看娃鬟绿①？终期一遇客衫黄②。

【注释】

①娃鬟绿：娃指名妓李娃。唐白行简所作传奇《李娃传》，写李娃与鸨母合伙欺骗并遗弃了荥阳生，但后来悔悟，帮助荥阳生渡过难关，后来夫荣妻贵。

鬓绿指黑亮的鬓发，借指青春美貌。

②客衫黄：唐传奇《霍小玉传》中挟持李益去见霍小玉的黄衫侠客。

【译文】

哪里忍心再次看到李娃的青春美貌？终究期望能遇到黄衫客那样的侠客。

薄雾几层推月出，好山无数渡江来；轮将秋动虫先觉，换得更深鸟越催。

【译文】

几层薄雾将月亮缓缓推出，人在江心渡船上，无数秀美的山峦不断映入眼帘；季节变换秋虫率先知觉出来，到了夜深鸟的声音越发急促。

花飞帘外凭笺讯，雨到窗前滴梦寒。

【译文】

花瓣在帘外飞落，且当成是印花信笺传来的音讯；细雨在窗前滴落，令人梦里都感到寒意。

良缘易合，红叶亦可为媒；知己难投，白璧未能获主①。

【注释】

①白璧：圆形而中间有孔的白玉。《管子·轻重甲》：

"禺氏不朝，请以白璧为币乎？"

【译文】

姻缘若是恰好有良机，红叶都可以做媒；但知己难遇，即便和氏璧那样的名玉也不一定能顺利找到赏识的人。

鸭为怜香死，鸳因泥睡痴。

【译文】

鸭子为了怜惜香泽而死，鸳鸯因为泥暖而睡到发痴。

红印山痕春色微，珊瑚枕上见花飞。烟鬟潦乱香云湿，疑向襄王梦里归。

【译文】

红色的印痕就像是初春般娇美，从珊瑚枕上刚刚醒来，就像是看见花朵飞散。青烟一般的鬟发没有梳理整齐脸颊有些湿润，似是巫山女神刚从襄王的梦里归来，不胜娇羞。

书题蜀纸愁难浣，雨歇巴山话亦陈①。

【注释】

①雨歇巴山：唐李商隐《夜雨寄北》诗："君问归期未有期，巴山夜雨涨秋池。何当共剪西窗烛？却话巴

山夜雨时。"

【译文】

在蜀地制造的名纸上书写心事，愁绪难以被洗刷干净，雨停后在西窗下共谈，说的都是悠悠往事。

盈盈相隔愁追随^①，谁为解语来香帷^②？

【注释】

①盈盈：一指水清澈，亦指仪态美好。

②解语：古人用解语花指美人。《开元天宝遗事》载唐明皇把杨贵妃比作解语花。

【译文】

即使人被一水相隔，愁绪却不由自主前来追随，谁能解我心意前来香帷中将我陪伴？

欲与梅花斗宝妆，先开娇艳逼寒香。只愁冰骨藏珠屋，不似红衣待玉郎。

【译文】

想要与梅花比试一下华妆，所以冒着严寒先开逼出一段寒香。只是发愁冰清玉洁的身体藏在华美的深屋里，不像梅花那样如红衣佳人等待玉郎前来。

听风声以兴思^①，闻鹤唳以动怀^②。企庄生之逍遥，慕尚子之清旷^③。

【注释】

①听风声以兴思：《世说新语·识鉴》载张季鹰在洛阳
　见秋风起而思念家乡吴中的菰菜羹、鲈鱼脍，于是
　弃官东归。

②闻鹤唳以动怀：《世说新语·尤悔》载，陆机临刑前
　叹曰："欲闻华亭鹤唳，可复得乎？"

③尚子：尚长，东汉人，隐居不仕。

【译文】

　听到秋风吹起而兴起归乡的念头，闻到仙鹤鸣叫而触
动乡思。很是羡慕庄周的逍遥，也企慕尚子的清雅旷达。

　渔舟唱晚，响穷彭蠡之滨；雁阵惊寒，声断衡
阳之浦。

【译文】

　傍晚渔舟中响起渔歌，歌声响彻整个彭蠡湖的水边；
大雁的长阵因秋寒发出惊叫，叫声回荡在衡阳的水滨。

卷三 峭

　　这一卷以"峭"命名。编辑此卷的目的，诚如开篇所言："封疆缩其地，而中庭之歌舞犹喧；战血枯其人，而满座之貂蝉自若。我辈书生，既无诛贼讨乱之柄，而一片报国之忱，惟于寸楮尺字间见之；使天下之须眉而妇人者，亦耸然有起色。"也就是在国家危难、社会困弊之时，读书人要振奋精神，要有骨气和气节，能为天下兴亡尽一份责任，即"书生报国无他路，唯有手中笔如刀"之意。

　　本卷辑录的文字，大略分为两类，一类是反面的批判，一类是正面的赞扬。而这两类，其目的是一个：批判丑恶，是为了建设美好，反之亦然，比如赞美忠孝，其实也即批判不忠不孝之举。

　　忠孝传家，又能以苦读经史，就像勤奋农家认真耕田一样，这样的人家，岂不可长久兴盛？所谓富不过三代，是说人们往往容易被荣华贵富给熏晕了，骄奢淫逸，胡作非为，势必不能长保富贵。今天的人们，尤其是大富或者大贵者，把忠孝放在心里，忠于职责，读书明史，焉能在二代即出现如此多的负面例子？

　　而社会上之所以丑恶的行径不断，乃是因为人们的心中充满了名利之念，倘是"放得俗人心下，方可为丈夫。放得丈夫心下，方名为仙佛。放得仙佛心下，方名为得道"，一步一步放下执念，心中自会有清宁。这是此卷给出的一种途径。

　　烦恼场空，身住清凉世界；营求念绝，心归自在乾坤。

　　世间烦恼，皆因为贪恋不舍得放手，皆因为追求而不得，如果少些贪婪，少些欲念，就会少些烦恼。人生在世，不可能无欲无求，但是求不该得的，享不应享的，便往往不能享有自在和平静。

本卷一再指出"宁为真士夫，不为假道学。宁为兰摧玉折，不作萧敷艾荣"，宁为高洁之人，备受挫折，也不愿意做恶人而飞黄腾达。说易行难，但萧艾的繁华永远都是暂时的。所以做人要有气节，还要有长远的眼光，耐得住清贫寂寞，也许不会春风得意，但也不必天天心怀鬼胎。

正如明唐寅所做《废弃》诗所言，一失脚为千古恨，再回头是百年人。在生命中，总有些底线是不能触碰的，总有些界线是不能越过的，如果心存侥幸，最终往往下场悲惨。谨守做人做事的底线，于人海漂流之时方能不失方向。

唯其坚贞，唯其执著，方为真正的士人，任重而道远，士也不可以不坚忍。

今天下皆妇人矣！封疆缩其地，而中庭之歌舞犹喧；战血枯其人，而满座之貂蝉自若^①。我辈书生，既无诛贼讨乱之柄，而一片报国之忱，惟于寸楮尺字间见之^②；使天下之须眉而妇人者，亦耸然有起色。集峭第三。

【注释】

①貂蝉：貂尾和附蝉，古代为侍中、常侍等贵近之臣的冠饰。此处代指显贵重臣。

②楮（chǔ）：纸的代称。

【译文】

现在天下人都是女人了！国家的疆土缩小，而中庭的歌舞依然热闹；战争流血使战士都枯槁了，但满座的公卿大臣却神色自若。我们这些读书人，没有杀掉贼子讨伐乱臣的权力，只能在字纸间显现出一片报国的真诚情意；使天下那些像女子般懦弱的男人，也能惊动并有好转。集峭第三。

忠孝，吾家之宝；经史，吾家之田。

【译文】

忠和孝，是我们家的宝贝；经与史，是我们家的田地。

闲到白头真是拙，醉逢青眼不知狂^①。

【注释】

①青眼：指黑色的眼珠。语出《晋书·阮籍传》："籍
大悦，乃见青眼。"人正视时黑色的眼珠在中间，
后来便以青眼表示喜爱或看重。

【译文】

一事无成转眼已经到了白头，真是愚拙；醉里遇到青
眼相加，也不觉得是疏狂。

兴之所到，不妨呕出惊人；心故不然，也须随
场作戏。

【译文】

兴致所到之处，不妨吐出惊人之语；心里虽不以为然，
有时也要逢场作戏。

放得俗人心下，方可为丈夫。放得丈夫心下，
方名为仙佛。放得仙佛心下，方名为得道。

【译文】

放得下做俗人的心，才可以做大丈夫。放得下做大丈
夫的雄心，才可以成为仙佛。放得下成仙佛的妄心，才称
得上是得道。

吟诗劣于讲书，骂座恶于足恭①。两而揆之②，
宁为薄行狂夫，不作厚颜君子。

①足恭：过度谦敬，取媚于人。

②揆（kuí）：度（duó），揣测。

【译文】

吟诗比讲书要差一些，漫骂同座的要比虚伪的恭敬更可恶。但是拿这两者来比较，宁可做那德行轻薄的狂夫，也不做厚颜无耻的伪君子。

宁为真士夫，不为假道学。宁为兰摧玉折，不作萧敷艾荣^①。

【注释】

①萧敷艾荣：指蒿草长得很茂盛。萧、艾，两种恶草名。敷、荣，开花。

【译文】

宁可做真正的士大夫，也不要做伪君子。宁可做兰花被摧残或做玉被折断，也不要做萧艾那样的恶草繁荣开花。

随口利牙，不顾天荒地老；翻肠倒肚，那管鬼哭神愁？

【译文】

率意直说，不顾能否历时久远如天荒地老；呕心沥血、辗转反侧，去标新立异写文章，哪管鬼哭神愁？

身世浮名，余以梦蝶视之^①，断不受肉眼相看。

【注释】

①梦蝶：《庄子·齐物论》写庄周在梦中化为蝴蝶，在天地之间自由自在地遨游，不知谁为庄周，醒来后，发现自己仍然还是庄周，一时之间搞不清是庄周梦到了蝴蝶还是蝴蝶梦到了庄周。

【译文】

地位名声，我都视之为庄周梦中的蝴蝶一般虚幻不实，决不会用世俗的眼光看待这些。

达人撒手悬崖，俗子沉身苦海。

【译文】

旷达的人能够悬崖撒手，凡俗的人只能在苦海中沉浮不得超脱。

销骨口中^①，生出莲花九品^②；铄金舌上，容他鹦鹉千言。

【注释】

①销骨口中、铄金舌上：即"众口铄金，积毁销骨"，言众口毁谤可以销人骨骼，喻谗言毁人。

②莲花九品：佛教净土宗认为，修行完满者死后可往西方极乐世界，身坐莲花台座，因各人生前修行深

浅不同，而所坐莲台有九等之别，九品莲台是最高
一等。

【译文】

众口虽能销骨烁金毁人，但是你自可修行以臻完满；
任他毁清谤白，且容他鹦鹉学舌般搬弄是非。

少言语以当贵，多著述以当富，载清名以当
车，咀英华以当肉。

【译文】

以少说话当作富贵，以多写书当作财富，以拥有清
白的名声当作代步的车子，以反复体会文章的精华当作
吃肉。

竹外窥莺，树外窥山，峰外窥云，难道我有意
无意；鸟来窥人，月来窥酒，雪来窥书，却看他有
情无情。

【译文】

在竹林外窥视黄莺，在树木外悄观远山，在山峰外窥
看云朵，难说我是有意还是无意；鸟儿来悄悄观察行人，
月亮来偷偷探看美酒，飘雪来窥视书籍，看看它们是有情
还是无情。

有大通必有大塞，无奇遇必无奇穷。

【译文】

有极顺利，必然就会有大的障碍，没有奇特的际遇，必然没有极端的困厄。

西山霁雪，东岳含烟；驾凤桥以高飞，登雁塔而远眺。

【译文】

西山的雪刚刚放晴，东岳仍然笼罩在烟雾之中；驾起凤桥准备高飞，登上大雁塔向远方眺望。

一失脚为千古恨，再回头是百年人。

【译文】

一次做错大事便铸成终生的遗憾，等再回头的时候光阴早已经逝去，无法再弥补回来。

居轩冕之中，不可无山林的气味；处林泉之下，常怀廊庙的经纶。

【译文】

居高位享厚俸之时，不能没有山林隐逸之士的清气；到了真正归隐之时，又要怀有治理国家的韬略。

平民种德施惠，是无位之公卿；仕夫贪财好

货，乃有爵的乞丐。

【译文】

普通百姓积德做好事予人益处，就是没有禄位的公卿；做官的人贪婪无度搜刮钱财，就是有爵位的乞丐。

烦恼场空，身住清凉世界；营求念绝，心归自在乾坤。

【译文】

把心里的烦恼清空，自身便是住在清凉的安乐之境；把追名逐利的念头断了，心便回归到自由自在的天地之间。

觑破兴衰究竟，人我得失冰消；阅尽寂寞繁华，豪杰心肠灰冷。

【译文】

看破兴盛和衰落的根本，人与我的分别、得与失的计较就会如冰般消释；看尽了寂寞和繁华，争强好胜的豪杰之心就会如灰般冷却。

穷通之境未遭，主持之局已定；老病之势未催，生死之关先破。求之今人，谁堪语此？

【译文】

穷困和通达的境遇都未曾遭逢，内心已经有了定见；

年老和病弱还未到来，已经看透了生死的关窍。以此标准来看今天的人，谁能当得起这句话呢？

枝头秋叶，将落犹然恋树；檐前野鸟，除死方得离笼。人之处世，可怜如此。

【译文】

枝头上的秋叶，在即将凋落的时候仍然眷恋着树身；房檐前的野鸟，除非死了才能离开笼子。人在世间生存，可怜到这种地步。

士人有百折不回之真心，才有万变不穷之妙用。

【译文】

读书人要有百折不回的真心，才能有应对万变之世的妙用。

立业建功，事事要从实地着脚，若少慕声闻，便成伪果；讲道修德，念念要从虚处立基，若稍计功效，便落尘情。

【译文】

创立基业建立功勋，事事都要脚踏实地，倘是稍稍有些羡慕名声、渴望发迹，便成了虚伪的作秀；推求道理修习德行，每个念头都要从虚处打下根基，要是稍稍计较实际的功效，便落入人间俗情中。

执拗者福轻，而圆融之人其禄必厚；操切者寿夭，而宽厚之士其年必长；故君子不言命，养性即所以立命；亦不言天，尽人自可以回天。

【译文】

过于执拗的人福泽就少，而圆融通变的人所享的福禄就多；操之过急的人寿命不长，而宽容朴实的人会年高寿长；所以君子不谈命，培养德性就是立命；君子也不讲天，尽人事自然可以挽回天意。

苍蝇附骥，捷则捷矣，难辞处后之羞；茑萝依松，高则高矣，未免仰攀之耻。所以君子宁以风霜自挟，毋为鱼鸟亲人。

【译文】

苍蝇附在骐骥的尾巴上前行，快是快，却脱不了落后的羞耻；茑萝依托在松树上生长，高是高，却不能免掉攀援仰仗的耻辱。所以君子宁愿自携风霜，也不肯像鱼或鸟一样依附于人。

伺察以为明者，常因明而生暗，故君子以恬养智；奋迅以求速者，多因速而致迟，故君子以重持轻。

【译文】

以时时窥察来辩明事物的人，常常因为太过讲究明白而生出晦暗，所以君子以恬静来培养智慧；以奋发急起来求得迅速成功的人，大多会因为过快而导致迟缓，所以君子用郑重的态度来对待轻松的事。

有面前之誉易，无背后之毁难；有乍交之欢易，无久处之厌难。

【译文】

有当面的赞誉是容易的，但没有背后的毁谤就很难；刚开始交往觉得欢喜是容易的，但时间长了不厌倦就很难。

宇宙内事，要力担当，又要善摆脱。不担当，则无经世之事业，不摆脱，则无出世之襟期。

【译文】

世界上的事，要努力担当，又要善于摆脱。如果不担当，就不能成就经天纬地的事业，不摆脱，就没有超越世俗的襟怀。

无事如有事时提防，可以弭意外之变；有事如无事时镇定，可以销局中之危。

【译文】

没事的时候要像有事一样处处提防，可以防止意外的变故；有事的时候要像无事那样镇定，可以消灭变局中的危机。

爱是万缘之根，当知割舍；识是众欲之本，要力扫除。

【译文】
爱是所有缘法的根源，要知道割舍；识是所有欲望的本源，要努力清除。

荣宠傍边辱等待，不必扬扬；困穷背后福跟随，何须戚戚？看破有尽身躯，万境之尘缘自息；悟入无怀境界，一轮之心月独明。

【译文】
与荣耀和受宠相随的是耻辱，在得志时不必得意洋洋；困难窘迫背后跟着的就是福泽，所以在困窘时亦不必悲伤。看破这有限的生命，世上所有尘缘自然平息；体悟到胸中无物的境界，心里的明月就会光华明亮。

霜天闻鹤唳，雪夜听鸡鸣，得乾坤清绝之气；晴空看鸟飞，活水观鱼戏，识宇宙活泼之机。

【译文】
下霜天听到鹤鸣，雪夜里听到鸡叫，体会到天地之间的清绝之气；向晴空中看鸟儿飞过，向流水中看鱼儿嬉戏，体悟到宇宙当中的活泼生机。

斜阳树下，闲随老衲清谈；深雪堂中，戏与骚人白战①。

【注释】

①白战：徒手作战。指作"禁体诗"时禁用某些较常用的字。

【译文】

在斜阳沐浴的树下，随着老僧闲闲清谈；在深雪包围的堂中，与风雅的文人做文字游戏。

山月江烟，铁笛数声，便成清赏；天风海涛，扁舟一叶，大是奇观。

【译文】

山月照耀，满目烟汽升起，数声铁笛响起，便成为可以清赏的风景；风起海浪涌动，一叶扁舟在其间出没，真是一大奇观。

秋风闭户，夜雨挑灯，卧读《离骚》泪下；霁日寻芳，春宵载酒，闲歌《乐府》神怡。

【译文】

秋风起，夜雨淅沥，关起门点起灯，卧读《离骚》，为之泪下；晴朗的春日出外踏青，春夜里一边把酒，一边闲唱《乐府》，为之心神愉快。

人生不好古，象鼎牺樽^①，变为瓦缶；世道不怜才，凤毛麟角，化作灰尘。

【注释】

①象鼎：以象纹饰鼎。牺樽：牺牛形酒樽。

【译文】

人的一生如果不喜欢古玩，那么象鼎、牺樽等贵重的古器也就像瓦块瓦缸一样没有价值；世间风气如果不怜惜人才，那么如凤毛麟角那样的人才，也就不被重视，与灰尘一般。

风尘善病，伏枕处一片青山；岁月长吟，操觚时千篇白雪^①。

【注释】

①操觚（gū）：执简。谓写作。白雪：典出宋玉《对楚王问》"阳春白雪"，本指高雅的乐曲。

【译文】

人在尘世中奔波容易生病，伏枕休息遥望青葱的群山；在岁月中不断吟诵，下笔之时便出来千篇高雅的文章。

心为形役，尘世马牛；身被名牵，樊笼鸡鹜。

【译文】

心被身体奴役羁绊，好似尘世的马牛般承受苦辛；身被名利牵系，就如养在笼子里的鸡鸭般不得自由。

人不通古今，襟裾马牛；士不晓廉耻，衣冠狗彘。

【译文】

人不通晓古今的历史和变化，就是穿衣服的马牛；读书人不知道廉耻，就是着衣冠的猪狗。

道院吹笙，松风裊裊；空门洗钵，花雨纷纷。

【译文】

道院中吹笙，松风裊裊而来；佛门中传法，落花如雨纷纷而下。

囊无阿堵物①，岂便求人；盘有水晶盐②，犹堪留客。

【注释】

①阿堵物：指钱。《世说新语·规箴》："王夷甫雅尚玄远，常嫉其妇贪浊，口未尝言钱字。妇欲试之，令婢以钱绕床不得行。夷甫晨起，见钱阂行，呼婢曰：'举却阿堵物！'"

②水晶盐：即指盐。

【译文】

即使口袋里一分钱都没有，也未必要去求人；盐巴也可以待客，要看客人是不是真正的知音。

种两顷负郭田，量晴校雨；寻几个知心友，弄月嘲风。

【译文】

种两顷城郊的田地，注意着天气的晴雨变化；寻几个知心的朋友，一起消遣吟风嘲月。

荷钱榆荚，飞来都作青蚨①；柔玉温香，观想可成白骨。

【注释】

①青蚨（fú）：传说中南方的一种虫，古代用作铜钱的别名。

【译文】

初生的荷叶和榆荚，飞来都可看作铜钱；温柔美丽的女子，认真思量起来，都可看成是白骨。

今古文章，只在苏东坡鼻端定优劣；一时人品，却从阮嗣宗眼内别雌黄①。

【注释】

①雌黄：即鸡冠石，黄色矿物，用作颜料。古人用黄
　　纸写字，写错了，用雌黄涂抹后改写。

【译文】

古今的文章，苏东坡用鼻端闻闻即可知道优劣；一时
的人品，要靠阮籍的青眼白眼来辨别好坏。

诗思在灞陵桥上^①，微吟处，林岫便已皓然^②；
野趣在镜湖曲边，独往时，山川自相映发^③。

【注释】

①"诗思"句：明代程羽文《诗本事·诗思》记载唐
　　代诗人孟浩然诗思在灞桥风雪中驴背上事，明张岱
　　《夜航船》亦载孟浩然踏雪寻梅事。

②"林岫"句：南朝宋刘义庆《世说新语·言语》记：
　　"道壹道人好整饰音辞，从都下还东山，经吴中。已
　　而会雪下，未甚寒，诸道人问在道所经。壹公曰：
　　'风霜固所不论，乃先集其惨澹。郊邑正自飘瞥，林
　　岫便已皓然。'"

③"山川"句：《世说新语·言语》记王献之说山阴道
　　上的风光："千岩竞秀，万壑争流。草木蒙笼其上，
　　若云兴霞蔚。山阴道上行，山川自相映发，使人应
　　接不暇。"

【译文】

诗思在灞陵桥上风雪中，开始轻轻吟诵时，树木山峦

便已皓然洁白；山野的情趣在镜湖曲水之畔，独自往来时，山川互相辉映美不胜收。

看文字，须如猛将用兵，直是鏖战一阵；亦如酷吏治狱，直是推勘到底，决不恕他。

【译文】

看文字，就像勇猛的将领布置军队，简直是一阵激烈的战斗；也像严酷的狱吏审理案件，必定是彻底调查，决不宽恕。

秋露如珠，秋月如珪；明月白露，光阴往来；与子之别，思心徘徊。

【译文】

秋露如珍珠，秋月似玉珪；明月照亮露珠，时光流转；与你分别，思恋的心一直放不下来。

声应气求之夫①，决不在于寻行数墨之士②；风行水上之文③，决不在于一字一句之奇。

【注释】

①声应气求：志趣相投。《易·乾》："同声相应，同气相求。"
②寻行数墨：一行行、一字字地读。宋释道原《景德

传灯录》："口内诵经千卷，体上问经不识。不解佛
法圆通，徒劳寻行数墨。"

③风行水上：《易·涣》："象曰：风行水上，涣。"

【译文】

志趣相投的朋友，决不在那些寻章摘句的迂腐人中；
如风在水上掠过形成波纹那样自然的文章，决不在于追求
一字一句的奇特。

借他人之酒杯，浇自己之块垒。

【译文】

借他人的酒杯，来冲刷自己内心的积郁。

静若清夜之列宿，动若流彗之互奔。

【译文】

棋子不动的时候就如清宁的夜里那些按位置排列的星
宿一般沉静，棋子动的时候就像流星一样互相比赛似的奔驰
而过。

云气荫于丛蓍，金精养于秋菊；落叶半床，狂
花满屋。

【译文】

云气荫蔽着在蓍草丛中聚结，金精在秋菊中生养出来；

半个床上都撒满了落叶，飞舞的落花洒了满屋。

雨送添砚之水，竹供扫榻之风。

【译文】
细雨送来的水可用来向砚台里添加，竹林的风吹来可供打扫床榻。

任他极有见识，看得假认不得真；随你极有聪明，卖得巧藏不得拙。

【译文】
尽管他极有见识，辩得出假，却难分得清真；算你极其聪明，能显露工巧却藏不住笨拙。

伤心之事，即懦夫亦动怒发；快心之举，虽愁人亦开笑颜。

【译文】
遇到伤心的事，就是懦弱的人也为之怒发冲冠；面临大快人心的举动，即使是愁苦的人也为之展开笑容。

论官府不如论帝王，以佐史臣之不逮；谈闺阃不如谈艳丽，以补风人之见遗。

【译文】

讨论官府的事不如讨论帝王的事，以补充修史的人没写到的地方；谈论闺阁的事不如谈论才子佳人的艳事，可补充被采集民歌观民风者遗忘的东西。

是技皆可成名天下，唯无技之人最苦；片技即足自立天下，唯多技之人最劳。

【译文】

每一种技艺都可借以成名天下，只有无一技之长的人最为受苦；凭很小的技艺即可在世间自立，只有多才多艺的人最为劳累。

傲骨、侠骨、媚骨，即枯骨可致千金[1]；冷语、隽语、韵语，即片语亦重九鼎[2]。

【注释】

①枯骨可致千金：即"千金市骨"。《战国策·燕策一》载，古代君王悬赏千金买千里马不得，三年后用五百金买下一架死千里马的马骨，此后不到一年，便得到三匹千里马。喻指若能真心求贤，贤人终会被诚意打动，闻风而来。

②片语亦重九鼎：《史记·平原君虞卿列传》写平原君赞扬毛遂："毛先生一至楚而使赵重于九鼎大吕。"

【译文】

傲骨、侠骨、媚骨，就算是枯骨都可换来千金；冷语、隽语、韵语，就算是只言片语也可以重于九鼎。

圣贤不白之衷，托之日月；天地不平之气，托之风雷。

【译文】

圣人贤人无法说明的苦衷，托付给日月；天地间的不平之气，托付给风雷。

有作用者，器宇定是不凡；有受用者，才情决然不露。

【译文】

有所作为的人，言行气度肯定不同凡俗；获得名利之人，必定深沉不露声色、不卖弄才情。

且与少年饮美酒，往来射猎西山头。

【译文】

暂且与少年共饮美酒，在西山往来射猎。

瑶草与芳兰而并茂，苍松齐古柏以增龄。

【译文】

瑶草和香兰一同繁茂，苍松与古柏共增年轮。

群鸿戏海，野鹤游天①。

【注释】

①"群鸿"二句：这句话是指书法的高妙潇洒。南朝梁武帝萧衍《古今书人优劣评》说"钟繇书如云鹄游天，群鸿戏海"。

【译文】

书法作品上的字如一群海上戏水的大雁，又似野鹤遨游于天空。

卷四 灵

　　这一卷标题为"灵"。

　　天、地、人这三灵，各有其展现灵性的方法。人在天地之间，阅尽其妙，享尽其福，尝尽其万般滋味，即使山川无言，即便天光沉默，而草木生生不息，春风秋雨犹自沐人，人岂能不识，岂能不感？人对生命，对自然，时时都应心存感恩，感念天地灵气带给我们的无尽风光，感念一路走来，我们经历的酸甜苦辣。

　　而此集中所辑录的妙句，许多是简捷可行而富有诗意的活动，比如"声色娱情，何若净几明窗一坐息顷？利荣驰念，何若名山胜景一登临时"，也即让自己在净几明窗前坐下来静一静，在登山临水中放下来想一想，沉静下来，也许，初心会如满月显现。

　　而回归大自然，寻找到自己的"灵"，体会到万物的"灵"，也是本集最为集中的一个主题。"竹篱茅舍，石屋花轩，松柏群吟，藤萝翳景；流水绕户，飞泉挂檐，烟霞欲栖，林壑将暝。"自然幽静而充满生机，沉浸在自然的怀抱中，"坐沉红日，看遍青山"，便能够"消我情肠，任他冷眼"，找到自我，找到纯真的内心。聆听大自然的声音，永远都会有心灵的收获。正如日本著名画家、散文家东山魁夷在《听泉》里写道："人人心中都有一股泉水，日常的烦乱生活，掩蔽了它的声音，当你夜半突然醒来，你会从心灵的深处，听到悠然的鸣声，那正是潺潺的泉水啊！"

　　哪怕是孤独，也因为充分体悟了自我和世界的灵性，而变得富有内涵。蒙田在《蒙田随笔集》里引蒂卜儿的话说:"在离群索居的时候,你就是你自己的好伙伴。"虽然我们也许不能像本集中九山散樵那样按最自在的方式与自己相处,无俗情虚礼,与喜欢交往的朋友交往,倦累时就彻底息交绝游,但是至少当你享受生命里难得的安宁时,请不要带着烦恼踏上看山看水的旅途。

此刻能幸福,此刻能安宁,便是有幸福的能力。把幸福快乐当成目标,设定某事完成之后便会得到快乐幸福,这样的人,大约很难得到幸福快乐。活在当下,能活得幸福,才是最重要的事。

天下有一言之微，而千古如新；一字之义，而百世如见者，安可泯灭之？故风雷雨露，天之灵；山川民物，地之灵；语言文字，人之灵。罾三才之用，无非一灵以神其间，而又何可泯灭之？集灵第四。

【译文】

　　天下有那样看似微不足道，却千古流传读来仍然觉得新鲜的话；一字有它的意义，百世之后仍然可以亲自见证，这样的话和字哪里能泯灭呢？所以风雷雨露，是天地的灵气所现；山川和物产，是大地的灵气所现；语言文字，是人的灵性所现。这三才能发挥其作用，不过是一个"灵"字在其间发挥关键作用，怎么可以泯灭呢？集灵第四。

　　投刺空劳，原非生计；曳裾自屈，岂是交游？

【译文】

　　徒劳地到处投递名帖，原本就不是生存之计；拉起衣襟卑躬屈膝，哪里是朋友间正常的交往？

　　事遇快意处当转，言遇快意处当住。

【译文】

　　事情发展到很快意的阶段就要转换，说话说到快意的地方就要停住。

志要高华，趣要淡泊。

【译文】

志向要高远，趣味要淡泊。

眼里无点灰尘，方可读书千卷；胸中没些渣滓，才能处世一番。

【译文】

眼里没有一点灰尘，才能读进许多书；心中没有一些污秽，才能在世上干出一番事业。

眉上几分愁，且去观棋酌酒；心中多少乐，只来种竹浇花。

【译文】

眉上有一些愁闷，且去观棋喝酒；心中有多少快乐，只来种竹浇花。

茅屋竹窗，贫中之趣，何须脚到李侯门①？草帖画谱，闲里所需，直凭心游扬子宅②。

【注释】

①李侯：指东汉李膺。《后汉书·党锢传·李膺传》曰："是时，朝廷日乱，纲纪颓阤，膺独持风裁，以声名

自高。士有被其容接者，名为登龙门。"

②扬子：指西汉扬雄。《汉书·扬雄传》曰："家素贫，嗜酒，人希至其门。"闭门著书，左思《咏史》诗曰："寂寂杨子宅，门无卿相舆。"

【译文】

茅做屋竹做窗，贫困之中自有清趣，何必非要到李膺那样的名人门前求取富贵？看书帖读画谱，便是闲时所需的娱乐了，就如任心神游至扬子宅屋那样安静。

好香用以熏德，好纸用以垂世，好笔用以生花，好墨用以焕彩，好茶用以涤烦，好酒用以消忧①。

【注释】

①"好茶"二句：《唐中史补》上说："常鲁公随使西番，烹茶账中。赞普问：'何物？'曰：'涤烦疗渴，所谓茶也。'因呼茶为涤烦子。"施肩吾有诗云："茶为涤烦子，酒为忘忧君。"

【译文】

好香是用来熏陶德行的，好纸是用来写传世文章的，好笔是用来写生花妙文的，好墨是用来焕发文采的，好茶是用来洗去烦恼的，好酒是用来消除忧愁的。

问妇索酿，瓮有新篘①；呼童煮茶，门临好客。

【注释】

①篘（chōu）：新酿出的酒。

【译文】

问妻子索要酒喝，瓮里有新酿的酒；叫小童烹煮茶吃，门前来了佳客。

花前解佩，湖上停桡，弄月放歌，采莲高醉；晴云微裊，渔笛沧浪，华句一垂①，江山共峙。

【注释】

①句：通"钩"。

【译文】

在花前解下玉佩，湖上停下船桨，明月之下放声高歌，采摘莲花，至于沉醉；晴云在天，微风轻拂，沧浪之水上渔笛吹响，放下钓钩，与江山共对。

胸中有灵丹一粒，方能点化俗情，摆脱世故。

【译文】

心中有一粒灵丹，才能化解世俗之情，摆脱世故之心。

无端妖冶，终成泉下骷髅；有分功名，自是梦中蝴蝶。

【译文】

没来由的美艳女子，最终会成为九泉之下的骷髅；分内享有的功名，也如庄周梦里的蝴蝶一般虚幻。

累月独处，一室萧条；取云霞为侣伴，引青松为心知。或稚子老翁，闲中来过，浊酒一壶，蹲鸱一盂^①，相共开笑口，所谈浮生闲话，绝不及市朝。客去关门，了无报谢，如是毕余生足矣。

【注释】

①蹲鸱（chī）：大芋。一种食物，状如蹲伏的鸱。《史记·货殖列传》："吾闻汶山之下沃野，下有蹲鸱，至死不饥。"张守节注曰："蹲鸱，芋也。"

【译文】

常年累月地独处，一室冷寂；把云霞作为伴侣，与青松结为知己。有时童子或老者在闲时过来，上浊酒一壶，大芋一盘，大家一起谈笑，所说的都是人生的闲话，绝对不涉及商贸和政治。客人走了关上门，也不必说一点儿客套话，如此过完剩下的岁月就足够了。

茅檐外，忽闻犬吠鸡鸣，恍似云中世界；竹窗下，唯有蝉吟鹊噪，方知静里乾坤。

【译文】

茅檐之外，忽然听到狗叫鸡鸣，恍然觉得似乎就在脱离凡尘的仙界；竹窗之下，只听到蝉和喜鹊在鸣叫，才领悟到安静里的天地宇宙。

如今休去便休去，若觅了时无了时。若能行乐，即今便好快活。身上无病，心上无事，春鸟是笙歌，春花是粉黛。闲得一刻，即为一刻之乐，何必情欲乃为乐耶？

【译文】

如果能现在离开就离开吧，想要寻找结束的时机便会总也没有结束之时。要是能行乐，此刻便是快活的好时刻。身上没有疾病，心里没有烦恼事，春鸟鸣唱就是音乐，春花娇艳就是美色。能得闲一刻，就是拥有一刻的快乐事，何必追求情欲的快乐才叫快乐呢？

惟俭可以助廉，惟恕可以成德。

【译文】

只有简朴才对清廉有所助益，只有宽容才可以成就德行。

山泽未必有异士，异士未必在山泽。

【译文】

山野里未必有奇异之士，奇异之士也未必就隐身在山野里。

业净六根成慧眼①，身无一物到茅庵。

【注释】

①根：佛教将眼、耳、鼻、舌、身、意视为罪业的根源。又曰六贼。

【译文】

把欲念剔除，六根清净就能够练就慧眼，身无一物就如同住在清修的茅庵里。

人生莫如闲，太闲反生恶业；人生莫如清，太清反类俗情。

【译文】

人生没有比悠闲更好的了，但是太悠闲了就容易生恶事；人生没有比清高更好的了，但是太清高了就容易像俗人那样俗气。

"不是一番寒彻骨，怎得梅花扑鼻香？"念头稍缓时，便宜庄诵一遍。

【译文】

"不是一番寒彻骨，怎得梅花扑鼻香？"念头一旦稍稍松弛，便应该庄重地诵读一遍这两句。

读史要耐讹字，正如登山耐仄路，蹈雪耐危桥，闲居耐俗汉，看花耐恶酒，此方得力。

【译文】

读史要耐得住一个"讹"字，就像登山要忍耐狭窄的路，踏雪要忍耐危险的桥，闲居要忍耐俗气的人，看花要忍耐劣质的酒，这样才能够得到其中益处。

世外交情，惟山而已。须有大观眼、济胜具、久住缘①，方许与之莫逆。

【注释】

①大观眼：超越凡相深具智慧的眼光。济胜具：指能登山临水的轻捷好身体。《世说新语·栖逸》："许掾好游山水，而体便登陟，时人云：'许非徒有胜情，实有济胜之具。'"

【译文】

世外有交情的，只有青山。得要有一双慧眼、强健的身体、长住的缘分，才能与之成为莫逆之交。

九山散樵①，浪迹俗间，徜徉自肆。遇佳山水处，盘礴箕踞②，四顾无人，则划然长啸，声振林木。有客造榻与语，对曰："余方游华胥，接羲皇③，未暇理君语。"客之去留，萧然不以为意。

【注释】

①九山散樵：明代陆树声的自号。这段话是从陆树声的《九山散樵传》中选取的。

②盘礴：两脚张开，形状像箕一样坐着，是傲慢无礼的行为。

③华胥：《列子·黄帝》记载黄帝曾经梦到游览一个叫华胥的国家，那里一切太平，无为而治。羲皇：即伏羲氏。

【译文】

九山散樵这个人，浪迹人世，四处纵情游荡。碰到好的山水，就箕踞而坐，四顾无人，就纵声长啸，声音振动树木。有客人前来对榻谈话，他就对客人说："我刚在梦中游览华胥国，与羲皇谈话，没有时间来理会你和你谈话。"客人是走是留，都淡然全不在意。

择地纳凉，不若先除热恼；执鞭求富①，何如急遣穷愁？

【注释】

①执鞭求富：《论语·述而》："富而可求也，虽执鞭之士，吾亦为之。如不可求，从吾所好。"如果能正当发财的话，就是卑贱的差役也可以做。

【译文】

选择纳凉的地方，不如先把内心的焦灼烦恼去掉；不辞卑微寻找富贵，不如快快把自己的愁苦之思去掉。

无事而忧，对景不乐，即自家亦不知是何缘故，这便是一座活地狱，更说甚么铜床铁柱、剑树刀山也^①。

【注释】

① 铜床铁柱、剑树刀山：佛教描绘的地狱中残酷的
　刑具。

【译文】

　　没有烦事却感忧愁，面对美景却不快乐，就连自己也
不知道是什么原因，这便是一座活的地狱了，更不必说什
么地狱中那些铜床铁柱、剑树刀山之类的残酷场景了。

　　烦恼之场，何种不有，以法眼照之^①，奚啻蝎
蹈空花^②？

【注释】

① 法眼：佛家认为的"五眼"之一。五眼即肉眼、天
　眼、慧眼、法眼、佛眼。
② 奚啻（chì）：但、只。

【译文】

　　人世是烦恼之地，各种烦恼都有，用超脱的目光去看，
那些和在虚幻的花朵上跳动的蝎子有什么区别？

　　上高山，入深林，穷回溪，幽泉怪石，无远不
到；到则披草而坐，倾壶而醉；醉则更相籍枕以
卧，卧而梦。意有所极，梦亦同趣^①。

①趣：同"趋"，去。

【译文】

上高山，进深林，探遍曲折的小溪、幽静的泉水和奇特的石头，不管多远，没有不到达的；到达之后就拨开茂草坐下，喝光酒壶里的酒醉倒在地；醉了就互相做枕头依靠着睡下，睡下后就进入梦乡。心里有想到的，梦中就到达了。

闭门阅佛书，开门接佳客，出门寻山水，此人生三乐。

【译文】

关起门来阅读佛书，打开门来迎接佳客，出门去寻找山水胜地，这是人生的三大乐趣。

不作风波于世上，自无冰炭到胸中。

【译文】

不在世上兴风作浪干坏事，心里自然就没有冰冷彻骨或烈火煎烤的痛苦感受。

遗子黄金满籝①，不如教子一经。

【注释】

①籝（yíng）：箱笼一类的竹器。

【译文】

留给孩子满箱的黄金，也不如教会他们一部经书。

凡醉各有所宜。醉花宜昼，袭其光也；醉雪宜夜，清其思也；醉得意宜唱，宣其和也；醉将离宜击钵，壮其神也；醉文人宜谨节奏，畏其侮也；醉俊人宜益觥盂加旗帜，助其烈也；醉楼宜暑，资其清也；醉水宜秋，泛其爽也。此皆审其宜，考其景，反此则失饮矣。

【译文】

凡是醉酒也各有其所适宜的情形。赏花而醉适宜在白天，可以欣赏到花的光华；赏雪而醉适宜在夜间，可以使思虑清爽；因得意而醉适宜唱歌，这样可以表达出平和；因离别而醉酒，适宜敲击钵盂，可以使神思悲壮；要让文人醉酒，适宜节奏严谨，怕他酒后出丑；醉英雄适宜多加酒盏和旗帜，为其刚烈助兴；醉倒在楼上，暑天最适宜，可以增加清气；醉倒在水畔，以秋天为宜，可以欣赏天气高爽。这都是考察其所适宜的，考察其情形，若与此相反就失去饮酒的乐趣了。

竹风一阵，飘扬茶灶疏烟；梅月半湾，掩映书窗残雪。

【译文】

竹林的风吹过，将茶灶的疏烟扬起；弯月照在寒梅上，掩映着书窗外的残雪。

聪明而修洁，上帝固录清虚；文墨而贪残，冥官不受词赋。

【译文】
聪明而操守高洁的人，上帝当然要录之于天府；精通文墨却贪婪残暴的人，就是地府里的官员也不喜欢他的词赋。

破除烦恼，二更山寺木鱼声；见澈性灵，一点云堂优钵影。

【译文】
二更天山寺里的木鱼声，能破除人心中的烦恼；佛堂里的莲花影子，便可以使性灵清澈安宁。

兴来醉倒落花前，天地即为衾枕；机息忘怀盘石上，古今尽属蜉蝣。

【译文】
兴致来了醉倒在落花之前，天即为被地即是枕；万虑都停止静坐于大石上，古今的一切变化，不过都像是蜉蝣一般短暂，转瞬即逝。

完得心上之本来，方可言了心；尽得世间之常道，才堪论出世。

【译文】

心灵的本来面目能够保全，才可以说内心了悟了；将世间的一般规律都掌握了，才配谈论出世之想。

雪后寻梅，霜前访菊，雨际护兰，风外听竹；固野客之闲情，实文人之深趣。

【译文】

雪后踏雪寻梅，霜前去赏菊花，下雨时保护兰花，风过时聆听竹林风声；这些固然是山野之人的闲情逸致，实际上是文人深沉的情趣。

结一草堂，南洞庭月，北峨眉雪，东泰岱松，西潇湘竹；中具晋高僧支法八尺沉香床①。浴罢温泉，投床鼾睡，以此避暑，讵不乐乎？

【注释】

①支法：晋高僧支法虔。

【译文】

建一草堂，可以欣赏南面的洞庭月色，北面的峨眉山上雪，东面的泰山青松，西面的潇湘翠竹；中间放上晋代高僧支法虔的沉香木做的八尺大床。在温泉里沐浴之后，卧倒在床上沉酣而睡，用这种办法来避暑，岂不是很快乐吗？

人有一字不识，而多诗意；一偈不参，而多禅意；一勺不濡，而多酒意；一石不晓，而多画意。淡宕故也。

【译文】
有的人一字不识，却很有诗意；有的人从来没有参过任何偈子，却很有禅意；有的人滴酒不沾，却很有酒意；有的人一块石头也不晓得画，但是却能体悟到画的意境。全是因为为人淡泊无拘方能如此。

以看世人青白眼转而看书，则圣贤之真见识；以议论人雌黄口转而论史，则左、狐之真是非[①]。

【注释】
①左、狐：指左丘明、董狐，两人皆为春秋时著名史官。
【译文】
阮籍看人时以青眼相加表喜欢，以白眼相待表厌恶，倘用这种爱憎分明的态度去看书，就能领悟到圣贤的真正见识；将评论人的优劣好坏用来论史，那么就能看懂左丘明、董狐等的是非分明。

必出世者，方能入世，不则世缘易堕；必入世者，方能出世，不则空趣难持。

【译文】

只有那些出世的人，才做得了入世的事业，不然就容易堕入尘世的牵绊中；只有入世阅尽人世百态的人，方能有出世的决然毅然，不然就不能长期领略出世的寂寞空旷之趣。

调性之法，急则佩韦，缓则佩弦①；谐情之法，水则从舟，陆则从车。

【注释】

①"调性"三句：韦，经去毛加工制成的柔皮。弦，弓弦。《韩非子·观行》篇："西门豹之性急，故佩韦以自缓；董安於之性缓，故佩弦以自急。"古人佩弦来警戒自己的性缓，佩韦以警戒自己的性急。后世遂用"弦韦"喻朋友的规劝。

【译文】

调适性情的办法，急性子的就佩戴熟皮，慢性子的就佩戴弓弦；使两情和谐的方法，在水上就乘船，在陆上就坐车。

才人之行多放，当以正敛之；正人之行多板，当以趣通之。

【译文】

富有才华的人行为多狂放之举，应当以正气来收敛这种狂气；庄重正经的人行为多呆板之举，应当用趣味来使之圆融通达。

人有不及，可以情恕；非义相干，可以理遣。佩此两言，足以游世。

【译文】
人有做得不到位的地方，可以根据情理来宽恕；有与义不相干的错误，可以用玄理来自我排遣。记得这两句话，足够在人世优游。

郊居，诛茅结屋，云霞栖梁栋之间，竹树在汀洲之外；与二三之同调，望衡对宇①，联接巷陌；风天雪夜，买酒相呼；此时觉曲生气味②，十倍市饮。

【注释】
①衡：用横木做门，引申为门。宇：屋檐下，引申为屋。
②曲生：酒的别称。唐代郑棨在《开天传信记》中记载了一个故事，讲著名法师叶法善与众人饮酒的时候，有一个自称是曲生的人前来，曲生特别健谈，叶法善以法术令他现出原形，原来是一瓶好酒，味道甚美。因此叶法善对瓶作揖说："曲生风味，不可忘也。"

【译文】
在郊外居住，割去茅草建成房屋，梁栋间常常萦绕着云霞，水中的高地之外有竹林；与两三个有同样情致的好友，门庭相对，街上路上不时相遇；刮风下雪的夜晚，买酒来互相招呼同饮；这时只觉得酒的香醇美味，比在市井买的要好上十倍。

万事皆易满足，惟读书终身无尽；人何不以不知足一念加之书？

【译文】
万事都容易满足，只有读书这件事一辈子都没有尽头；人们怎么就不把不知足这一念头加到读书上去呢？

从江干溪畔，箕踞石上，听水声浩浩潺潺，粼粼泠泠，恰似一部天然之乐韵，疑有湘灵在水中鼓瑟也。

【译文】
在江边溪畔，随意坐在石头上，听水声或浩大或潺潺，时而响亮时而低沉，就像是一支天然的乐曲，真怀疑是湘水之神在水中鼓瑟。

鸿中叠石，未论高下，但有木阴水气，便自超绝。

【译文】
水中的叠石，无论高低，只要有树阴和水汽，便自然卓绝不凡。

高卧闲窗，绿阴清昼，天地何其寥廓也！

【译文】

在小窗下高卧，绿阴洒落，白昼清凉，天地是多么阔大呀！

少学琴书，偶爱清净，开卷有得，便欣然忘食；见树木交映，时鸟变声，亦复欢然有喜。常言：五六月，卧北窗下，遇凉风暂至，自谓羲皇上人^①。

【注释】

①羲皇上人：伏羲氏以前的人，即太古的人，指无忧无虑，生活闲适。

【译文】

少年时学习弹琴读书，偶尔喜欢清闲，打开书本展读有所获益，便高兴得忘了吃饭；见到树木交相掩映，随着季节变换，不同的鸟儿鸣出不同的声音，也觉得快乐喜悦。常言道：五六月时，在背阴的北窗下躺着，遇到清爽的风吹来，自己觉得和太古时的人一样无拘无束自在美好。

空山听雨，是人生如意事。听雨必于空山破寺中，寒雨围炉，可以烧败叶，烹鲜笋。

【译文】

空山听雨，是人生很顺心如意的事。听雨必定要在空山的破旧寺庙中，在寒雨中围着炉火，可以落叶为柴来烹制新鲜的竹笋。

鸟啼花落，欣然有会于心。遣小奴，挈瘿樽①，酤白酒，醮一梨花瓷盏②；急取诗卷，快读一过以咽之，萧然不知其在尘埃间也。

【注释】

①瘿（yīng）樽：瘿木制的杯子。

②醮（jiào）：喝尽。

【译文】

听到鸟鸣见到花落，愉悦而有所会心。派一个小仆人，带着瘿木做的酒樽，买来白酒，用梨花瓷的酒盏一饮而尽；急忙取来诗卷，快速读过就像咽下下酒菜一样，潇潇洒洒而不觉得自己身在世间。

闭门即是深山，读书随处净土。

【译文】

关上门，就像是处在深山之中；进入书的世界，哪里都是清净的地方。

千岩竞秀，万壑争流，草木蒙笼其上，若云兴霞蔚。

众多山岩竞相呈现出秀美之姿，万条溪水争相奔流，草木在山川上茂密生长，就像是云朵兴起，又像是霞光灿烂。

从山阴道上行，山川自相映发，使人应接不暇；若秋冬之际，犹难为怀。

【译文】

在山阴一带的道路上行走，群山与河流互相辉映，让人目不暇接；要是在秋冬之时，更是令人念念在心，难以忘怀。

欲见圣人气象，须于自己胸中洁净时观之。

【译文】

想要见识圣人的大气象，必须在自己胸中洁净时才能去观察。

箕踞于斑竹林中，徙倚于青矶石上。所有道笈梵书，或校雠四五字，或参讽一两章。茶不甚精，壶亦不燥；香不甚良，灰亦不死。短琴无曲而有弦，长讴无腔而有音。激气发于林樾①，好风逆之水涯。若非羲皇以上，定亦嵇、阮之间②。

【注释】

①樾（yuè）：道旁林阴树。

②嵇、阮之间：嵇康、阮籍生活的年代。

【译文】

随意张开两脚坐在斑竹林中，或是闲倚在江边的青石上。翻开所带的道教或者佛教典籍，也许校勘四五个字，也许阅读领会一两章。所饮的茶不是特别好，却总在喝着，所以壶还未干；所焚的香也不是精品，却一直点着，所以灰也没有冷。短琴没有曲调却可拨动琴弦，长歌没有腔调却自有慷慨之音。激荡的豪气发于林中，宜人的风儿吹向岸边。享受这种生活的人，若不是上古之人，也必定在魏晋时代与嵇康、阮籍同类。

闻人善则疑之，闻人恶则信之，此满腔杀机也。

【译文】

听说别人的善良就怀疑不信，听说别人的恶行却信之不疑，这就是心中充满了杀机。

士君子尽心利济，使海内少他不得，则天亦自然少他不得，即此便是立命。

【译文】

士君子尽心做事助益他人，使国家不能缺少他，那么上天当然也不能缺少他，这就是安身立命。

读书不独变气质，且能养精神，盖理义收摄故也。

【译文】

读书不但可以改变一个人的气质，还可以涵养精神，可能是因为理智和道义可以令人心神收敛的缘故。

清之品有五：睹标致，发厌俗之心，见精洁，动出尘之想，名曰清兴；知蓄书史，能亲笔砚，布景物有趣，种花木有方，名曰清致；纸裹中窥钱，瓦瓶中藏粟，困顿于荒野，摈弃乎血属，名曰清苦；指幽僻之耽，夸以为高，好言动之异，标以为放，名曰清狂；博极今古，适情泉石，文词带烟霞，行事绝尘俗，名曰清奇。

【译文】

"清"这种境界共有五种：看到美丽的东西，就兴起厌恶世俗的心，看到精致洁净的境界，就动了要脱离尘俗的念头，这叫做清兴；懂得收藏图书，能亲近文墨，布置景物有趣味，种植花木有妙方，这叫做清致；从废弃的包裹中寻找金钱，用瓦瓶盛放粮食，在荒野中困顿不堪，被亲人们抛弃，这叫做清苦；沉溺于幽僻的爱好，自夸为清高，好说奇话好做奇事，自我标榜说是放达，这叫做清狂；博古通今，在山水之间怡悦情怀，文字带着烟霞之气，做事不染俗气，这叫做清奇。

对棋不若观棋，观棋不若弹瑟，弹瑟不若听琴。古云："但识琴中趣，何劳弦上音①？"斯言信然。

【注释】

①"但识"二句：《晋书·陶潜传》记载陶渊明"性不解音，而蓄无弦琴一张，弦徽不具，每朋酒之会，则抚而和之，曰：'但识琴中趣，何劳弦上声？'"

【译文】

和人下棋不如看人下棋，看人下棋不如弹瑟，弹瑟又不如听琴。古人说："只要悟到了琴中的真趣，哪里还用在弦上弹奏出声音呢？"这话说得很对。

弈秋往矣①，伯牙往矣，千百世之下，止存遗谱，似不能尽有益于人。唯诗文字画，足为传世之珍，垂名不朽。总之身后名，不若生前酒耳。

【注释】

①弈秋：《孟子·告子上》载："弈秋，通国之善弈者也。"

【译文】

弈秋已逝，伯牙不在，千百年后，只留下棋谱和琴谱，似乎不能将好处完全给予世人。只有诗文和字画，足可成为传世的珍宝，名声永垂不朽。不过，身后的名声，还不如生前的一杯酒。

人只把不如我者较量，则自知足。

人只和那些不如自己的人比较，就自然会知足了。

折胶铄石^①，虽累变于岁时；热恼清凉，原只在于心境。所以佛国都无寒暑，仙都长似三春。

【注释】

①折胶：指秋天。铄石：指夏天。

【译文】

天气凉爽，夏天炎热，固然常在季节变换时发生；燥热或者清凉，却只在于自己的心境。所以佛国是没有寒暑之分的，在神仙的所居之地四季如春。

鸟栖高枝，弹射难加；鱼潜深渊，网钓不及；士隐岩穴，祸患焉至。

【译文】

飞鸟栖息于高枝，弹弓和弓箭都难以伤害它；游鱼潜伏在很深的水潭中，渔网或者钓钩都不能触及它；但是读书人如果隐居在洞穴之中，就要招至祸患了。

于射而得揖让，于棋而得征诛；于忙而得伊、周^①，于闲而得巢、许^②；于醉而得瞿昙^③，于病而得老、庄，于饮食衣服、出作入息，而得孔子。

【注释】

①伊、周：伊尹、周公。分别辅佐商汤、周成王。

②巢、许：巢父、许由。上古隐士，尧禅位而不受。

③瞿昙：释迦牟尼的姓。一译乔答摩。亦作佛的代称。

【译文】

在射礼中学习揖让的礼节，在弈棋时领会征伐之道；在忙碌时体会伊尹和周公的操劳苦心，在清闲时了解巢父和许由的隐逸之乐；在酒醉中体会佛教的戒条，在生病时领悟老子和庄子的养生之道，在日常衣服、饮食活动和日常劳作之中，品味到孔子学说的真义。

前人云："昼短苦夜长，何不秉烛游？"不当草草看过。

【译文】

前人说："苦于白天太短而夜晚很长，为何不拿着蜡烛在夜里游赏呢？"不应当把这句话草率看过就算了。

优人代古人语，代古人笑，代古人愤，今文人为文似之。优人登台肖古人，下台还优人，今文人为文又似之。假令古人见今文人，当何如愤，何如笑，何如语？

【译文】

演员代古人说话，代古人欢笑，代古人愤怒，今天的文人写文章和这相似。演员在台上扮演古人，下台后还是演员，今天的文人写文章也与之相似。假设让古人见到今天的文人，应当如何愤怒，如何欢笑，又如何说话呢？

作诗能把眼前光景、胸中情趣，一笔写出，便是作手，不必说唐说宋。

【译文】

作诗时能把眼前的风光、心里的情趣，一笔都写出来，就是好的作家，不必非要模仿唐代或宋代的诗歌。

少年休笑老年颠，及到老时颠一般。只怕不到颠时老，老年何暇笑少年？

【译文】

少年人不必笑话老年人癫狂，到自己年老时也是一样的癫狂。而且只怕不到癫狂时就老了，哪里有工夫笑话少年呢？

打透生死关，生来也罢，死来也罢；参破名利场，得了也好，失了也好。

【译文】

看透了生死，生来了也算了，死来了也算了；看破了名利场，得到了也好，失去了也好。

混迹尘中，高视物外；陶情杯酒，寄兴篇咏；藏名一时，尚友千古。

【译文】

混迹于尘世之中，却可以超越物外；一杯酒也可以陶冶性情，将兴致寄托在诗文之中；暂且隐匿一时的名声，更重视与千古之上的先贤为友。

痴矣狂客，酷好宾朋；贤哉细君①，无违夫子。醉人盈座，簪裾半尽；酒家食客满堂，瓶瓷不离米肆。灯烛荧荧，且耽夜酌；爨烟寂寂②，安问晨炊？生来不解攒眉，老去弥堪鼓腹。

【注释】

①细君：古代称诸侯之妻，后泛指妻子。

②爨（cuàn）：灶。

【译文】

这个狂放的人有些痴性，极其爱好与宾客朋友交往；妻子够贤惠了，从不违拗丈夫。满座的人都醉了，簪子和衣襟都已凌乱；酒家食客满堂，买米的瓶瓷不停地送往粮店买米。灯光闪烁，正沉溺于夜间的酒宴；灶头无烟，哪里管明天早上有没有饭吃？从来就不懂得皱眉着急，到老了更应该饱食无事。

人胜我无害，彼无蓄怨之心；我胜人非福，恐有不测之祸。

【译文】

别人胜过我没有害处，因为他心里就不会积蓄着怨恨；我胜过他人不是福气，恐怕会有没预料到的祸事。

书屋前，列曲槛栽花，凿方池浸月，引活水养鱼；小窗下，焚清香读书，设净几鼓琴，卷疏帘看鹤，登高楼饮酒。

【译文】

书屋前，围起曲折的栏杆栽花，开凿池塘来映照明月，引来活水养鱼；小窗下，焚起香来读书，放上干净的小桌来鼓琴，卷起帘子看鹤，登上高楼饮酒。

人人爱睡，知其味者甚鲜；睡则双眼一合，百事俱忘，肢体皆适，尘劳尽消，即黄粱南柯，特余事已耳。静修诗云①："书外论交睡最贤。"旨哉言也②！

【注释】

①静修：元代文人刘因，字梦吉，号静修。
②旨哉：妙哉。

【译文】

人人都喜欢睡觉，但是知道睡觉的真正味道的人很少；

睡时双眼一合上，所有的事都忘了，四肢和身体都很舒服，尘世的劳累都消失了，即使做梦，无论是黄粱梦还是南柯梦，都已不重要了。刘因有诗曰："书外论交睡最贤。"这句诗写得真好！

我争者，人必争，虽极力争之，未必得；我让者，人必让，虽极力让之，未必失。

【译文】

我争夺的东西，别人肯定也争夺，因此虽然极力争夺，也未必能得到；我谦让的东西，别人也必会谦让，虽然极力谦让，也不一定会失去。

贫不能享客，而好结客；老不能徇世，而好经世；穷不能买书，而好读奇书。

【译文】

贫穷而不能够招待朋友，但却喜欢结交朋友；老了不能够随顺世俗，却喜欢治理世事；穷到不能买书，却很喜欢阅读奇书。

沧海日，赤城霞，峨眉雪，巫峡云，洞庭月，潇湘雨，彭蠡烟，广陵涛，庐山瀑布，合宇宙奇观，绘吾斋壁；少陵诗，摩诘画，《左传》文，马迁史，薛涛笺，右军帖，南华经，相如赋，屈子离骚，收古今绝艺，置我山窗。

【译文】

沧海日出，赤城云霞，峨眉山的雪，巫峡的云，洞庭湖的月色，潇湘江畔的雨，鄱阳湖的烟波，扬州的潮水，庐山的瀑布，把这些宇宙的奇观，都画到我家的墙壁上面；杜甫的诗，王维的画，《左传》里的文章，司马迁的《史记》，薛涛的诗笺，王羲之的书帖，庄子的《南华经》，司马相如的赋，屈原的离骚，把这些古今的绝艺，都放到我的书窗之下。

偶饭淮阴，定万古英雄之眼，自有一段真趣，纷扰不宁者，何能得此？醉题便殿①，生千秋风雅之光，自有一番奇特，踡蹐牖下者②，岂易获诸？

【注释】

①醉题便殿：据《开元天宝遗事》载，李白于便殿为明皇撰诏书，时十月大寒，笔冻不能书。帝敕宫嫔十人侍于李白左右，令各为之呵笔。

②踡蹐（jūchuǎn）：蹉跎而乖谬。

【译文】

漂洗衣服的老人偶然给韩信饭吃，已具备慧眼识英雄的目力，自然有一段天真纯朴之趣，那些纷纷扰扰追求名利的人，哪里能得到这种无功利的真趣？醉倒在便殿之上为唐明皇撰写诏书，生出千年风雅的光彩，自然有其奇特的际遇，在家里不肯用功的乖戾之人，哪能得到如此机遇？

清闲无事，坐卧随心，虽粗衣淡食，自有一段真趣；纷扰不宁，忧患缠身，虽锦衣厚味，只觉万状愁苦。

【译文】

清闲无事，坐着或者躺着都随心所欲，即使是粗布的衣服清淡的饮食，也自然有一段天然之趣；内心纷扰不安，忧患缠身，即使是穿着华美的衣服吃着醇厚的美味，也只觉得万般苦恼愁闷。

我如为善，虽一介寒士，有人服其德；我如为恶，虽位极人臣，有人议其过。

【译文】

我如果做善事，即使是一个贫寒无功名的读书人，也有人佩服我的德行；我如果做恶事，即使官位极高，也有人指责我的过错。

读理义书，学法帖字，澄心静坐，益友清谈，小酌半醺，浇花种竹，听琴玩鹤，焚香煮茶，泛舟观山，寓意弈棋。虽有他乐，吾不易矣。

读讲理义的书，临摹法帖上的字，心地清明地静坐，良友一起清谈，稍稍喝几杯到半醉，浇灌花草栽种竹子，聆听琴音赏玩仙鹤，点上香煮茶喝，驾小船观赏山景，专心与人下棋。即便有其他的乐趣，我也不会与之交换。

成名每在穷苦日，败事多因得志时。

【译文】

往往在穷苦日子过来才能成就功名，而事情失败，多是在得志的时候。

宠辱不惊，肝木自宁；动静以敬，心火自定；饮食有节，脾土不泄；调息寡言，肺金自全；怡神寡欲，肾水自足。

【译文】

得志与失势都不大惊小怪，肝就会安宁；动或静都出自敬意，心就会安定；饮食有节制，脾就不会生病；调整气息减少言语，肺就会健康；神情愉快欲望少，肾水就会充足。

让利精于取利，逃名巧于邀名。

【译文】

谦让利益要比夺取利益更明智，逃避名声要比寻求名声更聪明。

唾面自干^①，娄师德不失为雅量；睚眦必报，郭象玄未免为祸胎^②。

【注释】

①唾面自干：被人以唾喷面，连擦也不擦，令其自干。指极度忍耐。《新唐书·娄师德传》："其弟守代州，辞之官，教之耐事。弟曰：'有人唾面，洁之乃已。'师德曰：'未也，洁之，是违其怒，正使自干耳。'"

②郭象玄：汉末郭汜，字象玄。《后汉书·赵典传》："今与郭汜争睚眦之隙，以成千钧之雠。"

【译文】

像娄师德所说的那样唾面待其自干而极力忍耐，他真是有雅量；微小的不快也要报复，郭象玄这样的作为不可避免会成为祸胎。

事业文章，随身销毁，而精神万古如新；功名富贵，逐世转移，而气节千载一日。

【译文】

所建立的事业，所写就的文章，都随着生命的消亡而消失，但其中的精神却万古如新；所取得的功名，所赢得的富贵，随着世代转移，但其人的气节却能够千年如一日，不曾减损。

读书到快目处，起一切沉沦之色；说话到洞心处，破一切暧昧之私。

【译文】

读书读到快意处，能够消解一切沉沦沮丧之气；谈话到了透彻时，能够破除一切暧昧私念。

谐臣媚子，极天下聪颖之人；秉正嫉邪，作世间忠直之气。

【译文】

俳优艺人或者贤能之臣，都是天下非常聪明的人；坚持正义、嫉恶如仇的人，才能鼓起世间忠贞正直之气。

隐逸林中无荣辱，道义路上无炎凉。

【译文】

隐居山林中不再计较荣辱，坚守道义不怕世态炎凉。

闻谤而怒者，谗之囮①；见誉而喜者，佞之媒。

【注释】

①囮（é）：用来诱捕同类的鸟，也称"囮子"。

【译文】

听到诽谤而动怒的人，就是给那进谗言的人一个机会；

见到赞誉而高兴的人，就是给那谄媚的人可乘之机。

摊烛作画，正如隔帘看月，隔水看花，意在远近之间，亦文章法也。

【译文】

点烛作画，正像是隔着帘子看月亮，隔着流水看花，意思就在这若远若近之间，这也是做文章的方法。

读一篇轩快之书，宛见山青水白；听几句透彻之语，如看岳立川行。

【译文】

读一篇令人快心的文章，就好像是见到青山秀水；听到几句精辟智慧的言语，就好像是看到高山耸立河流奔腾一样痛快。

读书如竹外溪流，洒然而往；咏诗如蘋末风起^①，勃焉而扬。

【注释】

①蘋末风起：见宋玉《风赋》："王曰：'夫风，安生始哉？'宋玉对曰：'夫风生于地，起于青蘋之末，侵淫溪谷，盛怒于土囊之口……'"

【译文】

读书就像是竹林外的溪流，潇潇洒洒自然流去；咏诗就如风在青蘋之末吹起，骤然变大飞扬起来。

取凉于箑^①，不若清风之徐来；激水于橰，不若甘雨之时降。

【注释】
①箑（shà）：扇子。
【译文】
用扇子来扇风取凉，不如清风徐徐吹来；用桔橰取水，不如雨水应时而降。

李纳性辨急^①，酷尚弈棋，每下子，安详极于宽缓。有时躁怒，家人辈密以棋具陈于前，纳睹便欣然改容，取子布算，都忘其恚。

【注释】
①李纳：唐人，以性急而称。见《新唐书·兵志》。
【译文】
李纳生性急躁，酷爱下棋，每次下棋落子，都神态安详非常宽舒从容。有时他急躁发怒，家人就悄悄把棋具摆放在他面前，他看到后很高兴马上改变不愉快的脸色，拿棋子开始计算布局，完全忘记了他的愤怒。

竹里登楼，远窥韵士，聆其谈名理于坐上，而人我之相可忘；花间扫石，时候棋师，观其应危劫于枰间，而胜负之机早决。

【译文】

竹林里登上高楼，远远看着风韵之士，聆听他于座间谈论名理，以致忘记了自己和他人的存在；花木间扫净石板，等候棋师，观看他在棋盘上如何应对危险的局势，早早就定下胜负的局面。

六经为庖厨，百家为异馔，三坟为瑚琏^①，诸子为鼓吹；自奉得无大奢，请客未必能享。

【注释】

①三坟：传说中我国最古的书籍。《左传·昭公十二年》："是能读三坟、五典、八索、九丘。"杜预注："皆古书名。"瑚琏：宗庙里盛黍稷的祭器。

【译文】

用六经当作厨师，以百家学说当作珍稀的菜肴，以古代典籍作为祭祀的礼器，把先秦诸子当做乐手；自己享用未免太奢侈，若是请客，客人也未必能享受得了。

说得一句好言，此怀庶几才好；揽了一分闲事，此身永不得闲。

【译文】

说一句好话，情怀或者可以稍好；揽一分闲事，自身便会永远不得安闲。

古人特爱松风，庭院皆植松，每闻其响，欣然往其下，曰："此可浣尽十年尘胃。"

【译文】

古人特别喜欢松风，庭院里都种上松树，每当听到松风响起，便会高兴地走到树下，说："这可以洗尽十年尘埃污染过的肠胃。"

凡名易居，只有清名难居；凡福易享，只有清福难享。

【译文】

凡俗的名声容易享有，只有清廉的名声难以拥有；普通的福气容易享受，只有清福难以享受到。

有书癖而无剪裁，徒号书厨；惟名饮而少蕴藉，终非名饮。

【译文】

有爱好看书的癖好，却不加选择，只能白白叫做书橱而已；只喜欢喝酒却缺少含蓄的内涵，终究也称不上是懂得饮酒的人。

夜者日之余，雨者月之余，冬者岁之余。当此三余，人事稍疏，正可一意问学。

【译文】

夜晚是一天的空闲时间，雨天是一月的空闲时间，冬天是一年的空闲时间。趁此三种空闲时间，事务和应酬稍少，正可以一心一意学习。

树影横床，诗思平凌枕上；云华满纸，字意隐跃行间。

【译文】

树影落在床上，诗思在枕上升起；满纸都是云霞一样光华四射的文字，雅意韵致在字里行间闪现。

耳目宽则天地窄，争务短则日月长。

【译文】

耳目之欲太多，那么天地也就窄了；少一点争竞之心，就会觉得岁月悠长。

听静夜之钟声，唤醒梦中之梦；观澄潭之月影，窥见身外之身。

【译文】

聆听静夜里的钟声，唤醒梦中做梦的人；观看清澈潭水里的月影，就像看到了身外的另一真身。

事有急之不白者，宽之或自明，毋躁急以速其忿；人有操之不从者，纵之或自化，毋操切以益其顽。

【译文】

事情有急切之下不能明白的，宽松从容一下或者能够水落石出，不要急躁而令对方更愤怒；有的人，你操纵指挥他，他不会听从，但是放任他随意，他也许可以自我归化，不要操之过急而使他更加顽固。

士君子贫不能济物者，遇人痴迷处，出一言提醒之，遇人急难处，出一言解救之，亦是无量功德。

【译文】

读书人如因贫困不能在物质上接济他人，那就遇到人在迷途时，说一句话提醒他，遇到人在急切困难时，说一句话解救他，也是有无限功德的。

处父兄骨肉之变，宜从容，不宜激烈；遇朋友交游之失，宜剀切，不宜优游。

【译文】

处理骨肉至亲之间的变故时，要从容不迫，不应激烈；

遇到朋友交往中有过失，应该恳切劝告，不能拖延磨蹭。

问祖宗之德泽，吾身所享者是，当念其积累之难；问子孙之福祉，吾身所贻者是，要思其倾覆之易。

【译文】

若问祖宗的恩德福泽，我现在所享有的就是，应当感念积累的艰难；若问子孙的福惠利益，我自己能遗留的就是，要思量倒塌覆灭的容易。

韶光去矣，叹眼前岁月无多，可惜年华如疾马；长啸归与，知身外功名是假，好将姓字任呼牛①。

【注释】

①呼牛：喻指毁誉由人。《庄子·天道》曰："昔者子呼我牛也而谓之牛，呼我马也而谓之马。"

【译文】

青春岁月逝去，叹息眼前的岁月所剩不多，可惜年华就像飞驰的快马；长啸归去，知道身外的那些功名都是假的，是毁是誉，任它去吧。

苦恼世上，度不尽许多痴迷汉，人对之肠热，我对之心冷；嗜欲场中，唤不醒许多伶俐人，人对之心冷，我对之肠热。

【译文】

在这个苦恼的人世，是超度不了那么多痴迷不悟的人的，别人对此很热心，我却心灰意冷；贪图各种欲望的名利场中，唤不醒那么多精明的人，人们对此心凉，而我却对此热心。

自古及今，山之胜多妙于天成，每坏于人造。

【译文】

从古到今，山林的胜景其美妙之处大都在于自然天成，而往往被人为的建筑所破坏。

画家之妙，皆在运笔之先，运思之际，一经点染便减机神。

【译文】

画家的绝妙之处都在动笔之前，思考的时候，一经过人为的修饰便减少了自然天成的意趣。

长于笔者，文章即如言语；长于舌者，言语即成文章。昔人谓"丹青乃无言之诗，诗句乃有言之画"，余则欲丹青似诗，诗句无言，方许各臻妙境。

【译文】

擅长写作的人，文章就像说话一样自然易成；而长于言谈的人，说话就像文章一般讲究。前人所说的画就是没有语言的诗，诗就是有语言的画，我倒觉得画像诗一般，诗却没有语言，这样就能够各自达到奇妙的境界。

舞蝶游蜂，忙中之闲，闲中之忙；落花飞絮，景中之情，情中之景。

【译文】

飞舞的蝴蝶忙碌的蜜蜂，是忙碌中的闲适，也是闲适中的忙碌；花朵凋落柳絮飞舞，是景中带情，也是情中有景。

想到非非想①，茫然天际白云；明至无无明②，浑矣台中明月。

【注释】

①非非想：佛教语。即三界中无色界第四天"非想非非想处天"。此天没有欲望与物质，仅有微妙的思想。

②无无明：佛教语。指没有生死之妄识，没有源起没有生灭。

【译文】

想到只剩下想的时候，心境空明只剩茫然的一片天际白云；透彻了悟到没有任何生死妄念，心灵浑然一体，就像是高台上的明月一般皎洁。

避暑深林，南风逗树；脱帽露顶，沉李浮瓜^①；火宅炎宫^②，莲花忽进；较之陶潜卧北窗下，自称羲皇上人，此乐过半矣。

【注释】

①沉李浮瓜：三国魏曹丕《与朝歌令吴质书》有句："浥甘瓜于清泉，沉朱李于寒水。"

②火宅炎宫：佛教用来比喻充满烦恼忧愁的尘世。

【译文】

到深林中避暑，南风吹动着树梢；摘下帽子露出头发，井水中浸着李子瓜果；在炎热烦恼的尘世间，忽然感受到清凉的莲花仙境；比起陶渊明在北窗之下闲卧，自称是上古时人，乐趣要多得多。

霜飞空而浸雾，雁照月而猜弦^①。

【注释】

①猜弦：见弯月而疑似弓弦。这是隋江总《山水纳袍赋》里写皇储赐袍图案的。

【译文】

冷霜在空中降落弥漫成雾气，大雁看到弯月惊疑那是弓弦而飞起。

既绵华而稠彩，亦密照而疏明。若春隰之扬花，似秋汉之含星。

【译文】

既色彩浓烈而华丽，又疏密明朗而有致。像是春天低洼湿地上开出花朵，又像秋天银河里镶嵌着的星星。

类君子之有道，入暗室而不欺；同至人之无迹，怀明义以应时。

【译文】

就像是君子一样讲究道德，进入没人的房间也不会做欺骗别人的事；就像是修养极高的人那样来去不留痕迹，怀抱着圣明的道义来顺应天时。

一翻一覆兮如掌，一死一生兮若轮。

【译文】

一翻一盖就像是手掌翻覆一样，一死一生就像是轮子一样无尽循环。

卷五 素

这一卷题为"素"。

"素"是指素心、素性、素雅、素洁。这既包括对外在环境的追求，也包括对内在心灵的要求。

而这种素，往往是在涤除了世俗的种种热念之后，体会到内心的单纯朴素之时才能得到。诚如"带雨有时种竹，关门无事锄花；拈笔闲删旧句，汲泉几试新茶"，怀着澄明的心境去生活，哪怕是简单的一作一息，也能活出诗意来。芥川龙之助曾经在《罗生门》（林少华译，青岛出版社 2001）一书中说："为使人生幸福，必须热爱日常琐事。云的光影，竹的摇曳，雀群的鸣声，行人的脸孔——须从所有日常琐事中体味无上的甘露。"

热爱生活，热爱一切美好的事物，能在琐碎的日常生活中，也寻找到诗意的人，是幸福的人。

不是没有美，是缺少发现美的眼睛。不是没有安宁，是缺少发现安宁的心灵。青山常在，绿水自流，人被羁绊在尘网中，处处忧心，无论什么样的富贵，都无滋味。劳力劳心，做事做人于心无愧，眼里干净，心里清宁，贫中有贫中乐趣，富贵有富贵安乐，无论身处何境，都能睡得踏实，吃得香甜，不去遍踏青山，也能够感受到世间美景。

有人问唐代著名禅师慧海最近修道用功吗，他回答说"用功"，别人问怎么用功，他答："饥来吃饭，困来即眠。"别人质疑说，所有人都一样，你和别人有什么分别吗？慧海禅师回答："不同，他们吃饭时不肯吃饭，百种须索；睡时不肯睡，千般计较，所以不同也。"简化琐事、净化心灵，在生活面前不绕圈子，认真享受单纯的快乐，便会有许多安宁快乐的时刻。

朱光潜先生在《谈美》一书中提到，为提醒匆匆赶路而忽略美景的人们，阿尔卑斯山谷中一条风景优美的大路旁立一标语，写着："慢慢走，欣赏啊！"对待生活、对待世界，也应慢慢欣赏，不必匆匆赶路而无暇欣赏风景。

慢慢走，欣赏啊！

袁石公云[1]："长安风雪夜，古庙冷铺中，乞儿丐僧，齁齁如雷吼；而白髭老贵人，拥锦下帷，求一合眼不得。"呜呼！松间明月，槛外青山，未尝拒人，而人自拒者何哉？集素第五。

【注释】

①袁石公：即袁宏道，明末"公安派"代表人物。字中郎，号石公。

【译文】

袁中郎说："长安风雪之夜，古庙的寒冷地铺上，讨饭的乞丐与僧侣，在睡梦中鼾声大作；而白胡子的贵人，盖着华丽的锦被，却彻夜难眠。"唉！松林间的明月，门外的青翠群山，从来没有拒绝过人，人们为何非要自己将这些美景拒之门外呢？集素第五。

田园有真乐，不潇洒终为忙人；诵读有真趣，不玩味终为鄙夫；山水有真赏，不领会终为漫游；吟咏有真得，不解脱终为套语。

【译文】

田园生活中有真正的乐趣，但如果不潇洒，也终究会忙碌不堪；诵读诗书确实有意趣，但如果不细细体会，最后也还是一个见识浅陋的凡夫；山水有真正美丽的景致，不心领神会便最终也只是随意游荡；吟诗作赋有真正的心得，如果不超脱也便成了俗套之语。

居处寄吾生，但得其地，不在高广；衣服被吾体，但顺其时，不在纨绮；饮食充吾腹，但适其可，不在膏粱；宴乐修吾好，但致其诚，不在浮靡。

【译文】

有一个住处可以安顿生命，只要有地方就行，不必一定是高屋广厦；衣服是遮盖我身体的，只要顺应季节就行，不必非要高档华美；饮食是为了填饱肚子的，只要适可就行了，不必非要是山珍海味；宴饮宾客是为了与朋友们交好，只要表达诚意就可以了，不必非得奢华。

琴觞自对，鹿豕为群；任彼世态之炎凉，从他人情之反复。

【译文】

独自弹琴把酒，与山中的鹿和猪为伍；一任世态炎凉，随他人情反复。

家居苦事物之扰，惟田舍园亭，别是一番活计；焚香煮茗，把酒吟诗，不许胸中生冰炭。客寓多风雨之怀，独禅林道院，转添几种生机；染翰挥毫，翻经问偈，肯教眼底逐风尘。

【译文】

在家居住苦于各项事务的干扰，只有山间小屋园中亭台，是另外一番功夫；焚香煮茶，把酒吟诗，不让心中滋生出矛盾纠葛之念。出门在外寓居，常常于风雨中有感慨，唯有佛寺和道院，能够平添几分生机；挥笔写作，查阅经书，不肯让眼睛看到尘世的纷扰。

茅斋独坐茶频煮，七碗后①，气爽神清；竹榻斜眠书漫抛，一枕余，心闲梦稳。

【注释】

①七碗：唐代诗人卢仝酷爱品茶，有《走笔谢孟谏议寄新茶》诗，简称《七碗茶》诗："一碗喉吻润，两碗破孤闷。三碗搜枯肠，唯有文字五千卷。四碗发轻汗，平生不平事，尽向毛孔散。五碗肌骨清，六碗通仙灵，七碗吃不得也，唯觉两腋习习清风生。"

【译文】

在茅屋中独坐不断烹茶品茶，七碗之后，神清气爽；在竹床上斜倚而睡，书卷随意放置，睡着之后，心里安闲梦里安稳。

余尝净一室，置一几，陈几种快意书，放一本旧法帖，古鼎焚香，素麈挥尘。意思小倦，暂休竹榻。饷时而起，则啜苦茗。信手写汉书几行，随意观古画数幅。心目间，觉洒灵空，面上尘，当亦扑去三寸。

【译文】

我曾经打扫干净一间房子，放上一张桌子，陈列几种喜欢读的书，放一本旧的字帖，在古鼎中焚上香，以白拂尘掸去灰尘。倦了想要休憩一会儿，便暂时在竹床之上休息。吃饭的时候起来，喝上几口苦茶。随手写几行隶书，看几幅古画。心灵和眼睛，都觉得清爽空灵，脸上的俗气灰尘，也抹去了许多。

但看花开落，不言人是非。

【译文】

只看花开花落，不议论人的是是非非。

暑中尝嘿坐，澄心闭目，作水观久之①，觉肌发洒洒，几阁间似有凉气飞来。

【注释】

①水观：佛教一种入定之术，指坐禅时观遍一切处水而得正定。《楞严经》卷五："教诸菩萨，修习水观……初成此观，但见其水，未得其身。"

【译文】

暑天曾经默然而坐，闭上眼睛心里一片清净，长时间入定，觉得肌肤头发都清爽，桌几楼阁间像是有凉风吹来。

胸中只摆脱一恋字，便十分爽净，十分自在；人生最苦处，只是此心，沾泥带水，明是知得，不能割断耳。

【译文】

胸中只要摆脱了一个"恋"字，就会十分清爽，十分自在；人生最痛苦的地方，便是这颗心，总是拖泥带水，心里很明白如何去做，但就是不能够果断割舍。

无事以当贵，早寝以当富，安步以当车，晚食以当肉，此巧于处贫矣。

【译文】

以清闲无事当作高贵，以早早安睡当作富有，以慢步行走当作乘车，以迟些吃饭当作吃肉，这都是在贫困中自处的妙法。

高枕丘中，逃名世外，耕稼以输王税，采樵以奉亲颜。新谷既升，田家大洽，肥羜烹以享神①，枯鱼燔而召友。蓑笠在户，桔槔空悬，浊酒相命，击缶长歌，野人之乐足矣。

【注释】

①羜（zhù）：幼羊。

【译文】

高卧山丘中，逃避尘世的名声，种植庄稼来交纳赋税，砍来薪柴以奉养亲人。新谷上场，农家大为高兴，用煮熟的小羊祭祀神灵，烤制鱼干来招待朋友。蓑衣斗笠挂在门上，汲水的桔槔悬挂在井上，互相劝饮浊酒，击缶而放声高歌，山野之人的快乐就足够了。

性不堪虚，天渊亦受鸢鱼之扰；心能会境，风尘还结烟霞之娱。

【译文】

天性如果不能忍受虚静，即使在高天在深渊，也会受到飞鹰或者游鱼的干扰；心灵如果能体会自然的意境，即便在尘世里也能够获得欣赏烟云霞光的快乐。

身外有身，捉麈尾矢口闲谈，真如画饼；窍中有窍，向蒲团问心究竟，方是力田。

【译文】

身外有身，手里拿着拂尘一意闲谈，就像画饼充饥一样无用；窍中有窍，向参禅打坐的蒲团去追问内心到底如何，这才是认真在心里下功夫。

山中有三乐：薜荔可衣①，不羡绣裳；蕨薇可食②，不贪粱肉；箕踞散发，可以逍遥。

【注释】

①薜荔（bìlì）：桑科榕属植物，常绿蔓茎灌木，叶椭

圆形，花细小隐藏在花托之中，可入药。

②蕨薇：蕨是多年生草本植物，根茎长，嫩叶可食，根茎可制淀粉；薇是一种一年生或者二年生的草本植物，嫩茎和叶可食。

【译文】

山中有三乐：薜荔可以做衣服，不羡慕锦绣的华服；蕨薇可以吃，不贪恋精美的饭食；伸开两腿坐着，披散着头发，可以感受到逍遥自在。

世上有一种痴人，所食闲茶冷饭，何名高致？

【译文】

世上有一种痴人，吃的都是人家的闲茶和剩饭，哪里称得上是情致高雅呢？

桑林麦陇，高下竞秀；风摇碧浪层层，雨过绿云绕绕。雉雊春阳①，鸠呼朝雨，竹篱茅舍，间以红桃白李，燕紫莺黄，寓目色相，自多村家闲逸之想，令人便忘艳俗。

【注释】

①雊（gòu）：雄鸡叫。

【译文】

桑林和麦田，高高低低争相显出秀色；风吹过，仿佛吹起层层碧绿的波浪，雨下过，便绕起层层的绿云。雉鸡在春天的阳光中鸣叫，斑鸠在清晨的细雨里鸣叫，竹篱茅舍，点缀着红的桃花和白的李花，紫燕黄莺在其间飞翔，世界的万象都在眼里，自然觉得村居住家闲逸之情很好，而忘却俗气的艳色。

云生满谷，月照长空，洗足收衣，正是宴安时节。

【译文】

云朵弥漫在山谷，月华朗照长空，洗脚之后，收拾衣裳，正是清闲安乐的时光。

眉公居山中，有客问山中何景最奇，曰："雨后露前，花朝雪夜。"又问何事最奇，曰："钓因鹤守，果遣猿收。"

【译文】

陈眉公居住在山中，有客人问他山中最奇妙的景观是什么，他回答说："是下雨之后，露上之前，鲜花盛开的清晨和下雪的夜晚。"又问他什么事情最奇特，他回答说："垂钓是靠仙鹤看守，而果实是派猿猴收获。"

古今我爱陶元亮①，乡里人称马少游②。

【注释】

①陶元亮：即陶渊明，字元亮，晚年更名为陶潜。

②马少游：汉代伏波将军马援堂弟。据《后汉书·马援传》载："援谓属官曰：吾弟少游，常哀吾慷慨多大志，曰：士生一世，但取衣食才足，乘下泽车，御款段马，为郡掾吏，守坟墓，乡里称善人，斯可矣！致求赢余，但自苦尔。"

【译文】

古今人物里我最喜欢陶渊明，乡里人都称颂马少游。

霜水澄定，凡悬崖峭壁，古木垂萝，与片云纤月，一山映在波中，策杖临之，心境俱清绝。

【译文】

秋天的水面澄澈平静，悬崖峭壁，古树与垂下的藤萝，及片片白云和一弯月亮，全都倒映在水波之中，拄着手杖登临而上，觉得心灵与环境都清妙绝伦。

亲不抬饭，虽大宾不宰牲，匪直戒奢侈而可久，亦将免烦劳以安身。

【译文】

亲戚来了也不安排奢侈的饭菜，即使是贵客到来也不宰杀牲口，不仅仅是为了只有戒除奢侈才可以持久，也是因为可以免除劳累而使身心得到安宁。

饥生阳火炼阴精，食饱伤神气不升。

【译文】

饥饿能使人生阳气之火，锻炼内在的精气，吃得过饱就会损伤精神，元气不能上升。

文章之妙：语快令人舞，语悲令人泣，语幽令人冷，语怜令人惜，语险令人危，语慎令人密，语怒令人按剑，语激令人投笔，语高令人入云，语低令人下石。

【译文】

文章的精妙之处在于：语言爽快时令人起舞，语言悲伤时令人流泪，语言幽深时令人感到冷清，语言哀怜时令人感到惋惜，语言险恶时令人感到危恐，语言严谨时令人感到周密，语言愤怒时令人要拔剑而起，语言激扬时令人要投笔而起，语言高雅时令人意气高扬，语言卑微时令人感到投井下石。

溪响松声，清听自远；竹冠兰佩，物色俱闲。

【译文】

溪流的回响和松涛声，听来清爽自然可以致远；竹子做的帽子与兰花做的佩带，风物与容色都安逸清闲。

鄙吝一销，白云亦可赠客；渣滓尽化，明月自来照人。

心中鄙俗的念头一旦消融，白云也是可以赠送客人的；胸中的杂念完全化去，明月自然就会前来照耀你。

存心有意无意之妙，微云淡河汉；应世不即不离之法，疏雨滴梧桐。

【译文】

存心在有意无意之间，那种微妙就像是缥缈的白云点缀在银河里；应对人世所采取的不即不离的方法，就像是疏雨滴落在梧桐上。

肝胆相照，欲与天下共分秋月；意气相许，欲与天下共坐春风。

【译文】

肝胆相照，想要与天下人共同分享秋月之光；意气相投，想要与天下人共同沐浴春风之和。

堂中设木榻四，素屏二，古琴一张，儒道佛书各数卷。乐天既来为主，仰观山，俯听水，傍睨竹树云石，自辰及酉，应接不暇。俄而物诱气和，外适内舒，一宿体宁，再宿心恬，三宿后，颓然嗒然①，不知其然而然。

【注释】

①嗒（tà）然：形容物我两忘的神态，这是白居易《庐山草堂记》中描写的在庐山体会到的状态。

【译文】

屋中设四张木榻，立两个不加雕饰的屏风，放一张古琴，儒道佛各类书籍数卷。白乐天（即白居易）即来这里为主人，抬头看山，低头听水，旁边看到竹林树木云朵山石，自辰时到酉时，几乎都看不过来。过一会儿，外物吸引我而气息和畅，身心都感到舒服，住一晚身体安宁，两晚就会感到心里恬静，三宿之后，会彻底忘记了自己的存在，一切都不再考虑了。

偶坐蒲团，纸窗上月光渐满，树影参差，所见非色非空①，此时虽名衲敲门，山童且勿报也。

【注释】

①非色非空："色"、"空"都是佛教语，二者并称，指物质的形相及其虚幻的本性。

【译文】

偶尔坐在蒲团上，月光渐渐洒满纸窗，树影参差不齐，所见到的不是色不是空，这时候即使是名僧敲门，童子也不必禀报。

会心处不必在远。翳然林水，便自有濠濮间想也①。觉鸟兽禽鱼，自来亲人。

①濠濮间想：濠、濮都是水名。庄子曾于濠梁之上与惠施论鱼之乐，又于濮水拒楚国聘他为相。后指清淡无为，逍遥自在。

【译文】

会心之处不必在远方。葳郁的树木和流水，便可以有逍遥之乐。觉得鸟兽禽鱼，都自动前来亲近人。

茶欲白，墨欲黑；茶欲重，墨欲轻；茶欲新，墨欲陈。

【译文】

茶要煮得白，墨要研得黑；茶团要重，墨锭要轻；茶要新的好，墨要陈的好。

客过草堂问："何感慨而甘栖遁？"余倦于对，但拈古句答曰："得闲多事外，知足少年中。"问："是何功课？"曰："种花春扫雪，看箓夜焚香①。"问："是何利养？"曰："砚田无恶岁，酒国有长春。"问："是何还往？"曰："有客来相访，通名是伏羲。"

【注释】

①箓（lù）：道教记载上天神名的书。

【译文】

客人拜访草堂问我："有什么样的感慨而甘愿隐身于

此？"我倦于应对，只是拿古人的句子回答说："在多事之外得到清闲，于有限的岁月中知道满足。"问："做些什么事修习呢？"回答说："春天扫雪种花，夜里焚香看经。"问："得到什么好处呢？"回答说："笔耕没有坏的年成，在酒国里享受青春永驻。"又问："都有什么交往呢？"回答说："有客人来访，通报姓名是伏羲。"

山居胜于城市，盖有八德：不责苛礼，不见生客，不混酒肉，不竞田产，不闻炎凉，不闹曲直，不征文逋^①，不谈士籍。

【注释】

①逋（bū）：拖欠，文逋即文债，拖欠文稿未完成。

【译文】

在山野居住要胜过在城市生活，因为有八种德行：不拘泥于礼节，不见陌生的客人，不必酒肉杂列，不争夺田产，不听那些人世冷暖，不为是非曲直而争论，没有人催促文稿，也不谈论仕宦政途之事。

采茶欲精，藏茶欲燥，烹茶欲洁。

【译文】

采茶要精心选择，储藏茶叶要保持干燥，煮茶要洁净。

茶见日而味夺，墨见日而色灰。

茶叶被太阳照射味道就会失去，而墨锭受到日晒就颜色变浅。

园中不能办奇花异石，惟一片树阴，半庭藓迹，差可会心。忘形友来，或促膝剧论，或鼓掌欢笑，或彼谈我听，或彼默我喧，而宾主两忘。

花园中不能置办奇花异石，只有一片树阴，半院的苔痕，亦尚可令人会心。不拘形迹的好友前来，或鼓掌欢笑，或他谈我听，或他沉默而我高谈，客人和主人都陶然而乐。

夜寒坐小室中，拥炉闲话。渴则敲冰煮茗，饥则拨火煨芋。

夜里寒冷坐在小屋中，抱着炉子闲谈。渴了就敲些冰块煮茶，饿了就把炭火拨开烧山芋。

翠竹碧梧，高僧对弈；苍苔红叶，童子煎茶。

碧绿的竹子和梧桐树下，与高僧相对下棋；苍翠的青苔点缀着红叶，小童正在烹煮茶水。

久坐神疲，焚香仰卧；偶得佳句，即令毛颖君就枕掌记，不则展转失去。

【译文】

坐久了精神疲倦，点上香仰卧一会儿；偶然得到好的诗句，便拿毛笔在枕上随手记下，不然就会在转侧间忘记。

和雪嚼梅花，羡道人之铁脚①；烧丹染香履，称先生之醉吟②。

【注释】

①道人之铁脚：铁脚道人。明末张岱在《夜航船》里记载了铁脚道人，说他爱赤脚走在雪中，兴致来了就朗诵《庄子·秋水篇》，而且："嚼梅花满口，和雪咽之，曰：'吾欲寒香沁入心骨。'"

②生之醉吟：醉吟先生指白居易。白居易在庐山筑屋炼丹，醉吟无拘，写《醉吟先生传》，自述生平，其中说到死后"但于墓前立一石，刻吾《醉吟先生传》一本可矣"。

【译文】

就着雪咀嚼梅花，羡慕铁脚道人有铁脚能赤脚走在雪中赏玩清景；在庐山炼丹，穿着染香的飞云履，赞赏白居易先生的《醉吟先生传》。

灯下玩花，帘内看月，雨后观景，醉里题诗，梦中闻书声，皆有别趣。

【译文】

在灯下观赏繁花，在帘子后面欣赏月亮，雨后观赏风景，醉中写诗，梦里听到读书声，都别有一番趣味。

编茅为屋，叠石为阶，何处风尘可到？据梧而吟，烹茶而话，此中幽兴偏长。

【译文】

编织茅草做屋子，用石头砌成台阶，没有风尘可以到达这里；倚着梧桐吟诗，煮茶而谈，此中富有幽情静趣。

葆真莫如少思，寡过莫如省事；善应莫如收心，解醪莫如淡志。

【译文】

不要思虑太多，便是最好的保持天性纯真的方法，省去诸事是最好的减少过失的方法；最好的善于应对世事的方法，便是收敛身心，没有什么像淡泊自己的志向一样能解除醉酒之苦。

世味浓，不求忙而忙自至；世味淡，不偷闲而闲自来。

【译文】

入世的兴趣浓，不用寻找忙碌，忙碌就会来找你；入世的兴味淡，不用偷闲，清闲也会自来找你。

盘餐一菜，永绝腥膻，饭僧宴客，何烦六甲行厨①？茆屋三楹，仅蔽风雨，扫地焚香，安用数童缚帚？

【注释】

①六甲：指道教的六甲之术，能役使鬼神做事。

【译文】

吃饭只要一盘蔬菜，绝不用荤腥，招待僧人和宾客，哪用请高明的厨师做饭？草屋三间，仅可遮风避雨，扫地焚香，哪里用得着几个童子扎扫帚来打扫呢？

净几明窗，一轴画，一囊琴，一只鹤，一瓯茶，一炉香，一部法帖；小园幽径，几丛花，几群鸟，几区亭，几拳石，几池水，几片闲云。

【译文】

窗明几净的房间里，放一轴画，一张琴，养一只鹤，烹一杯茶，点一炉香，摆一部字帖；在小园幽静的小路旁，种几丛竹子，有几群鸟，几个小亭子，几块石头，几塘池水，几片闲云。

流年不复记，但见花开为春，花落为秋；终岁无所营，惟知日出而作，日入而息。

【译文】

不再记得年月，只看到花开了就知道春天来，花落了秋天到；终年没有什么营生，只知道日出劳作，日落休息。

谷雨前后，为和凝汤社①，双井白芽②，湖州紫笋③，扫臼涤铛，征泉选火。以王濛为品司④，卢仝为执权⑤，李赞皇为博士⑥，陆鸿渐为都统⑦。聊消渴吻，敢讳水淫，差取婴汤⑧，以供茗战⑨。

【注释】

①和凝：五代著名词人，嗜茶如命。组织朝中同僚带茶互评，味道不好的要受罚，称为"汤社"。

②双井白芽：江西修水双井产的茶叶。宋陈鹄《耆旧续闻》卷八："自景祐已后，洪（即江西）之双井白芽渐盛，近岁制作尤精。"

③湖州紫笋：浙江湖州长兴顾渚山的上等贡茶，又名"顾渚紫笋"。

④王濛：东晋名士。《世说新语》载王濛喜茶。

⑤卢仝：唐代诗人，喜茶，有《茶歌》传世。执权：指负责评判。

⑥李赞皇：即唐代宰相李德裕，河北赞皇人。喜欢喝茶。

⑦陆鸿渐：即唐代陆羽，字鸿渐，有《茶经》一书垂

世，后人奉为"茶圣"。都统：统领众人。

⑧婴汤：煮茶刚沸时的开水。

⑨茗战：斗茶。

【译文】

谷雨前后，正是和凝组织品茶汤社的时节，双井的白芽茶，湖州的紫笋茶都制好了，打扫茶臼，清洗茶铛，汲名泉之水，选好上等燃料。以王蒙为品司，以卢仝为执权，李德裕为博士，陆鸿渐为都统。聊以消解渴意，不敢说嗜茶而不停地饮用，且取刚沸的茶汤来斗茶。

窗前落月，户外垂萝，石畔草根，桥头树影，可立可卧，可坐可吟。

【译文】

窗前月正落，门外绿萝垂挂，石旁的草根之上，桥头的树影之下，可以站立可以躺卧，可以坐下可以吟诗。

褒狎易契，日流于放荡；庄厉难亲，日进于规矩。

【译文】

与不庄重的人容易相投契，但相处日久便趋于放纵不检点；与庄重严肃的人难以亲近，但相处久了能一天天趋于恪守本分。

甜苦备尝好丢手，世味浑如嚼蜡；生死事大急回头，年光疾于跳丸。

【译文】

人间的酸甜苦辣都品尝过了，放开手，才知道世情就像嚼蜡一般乏味；生死大事急忙回首，才发觉时光比跳丸还要迅速。

清事不可着迹。若衣冠必求奇古，器用必求精良，饮食必求异巧，此乃清中之浊，吾以为清事之一蠹。

【译文】

清雅之事不可以刻意为之。假若衣冠必定求奇特古朴，器用必得追求精美上等，饮食一定要追求奇异新巧，这便是清雅中的浊事，我觉得这是破坏清雅之事的弊端。

吾之一身，常有少不同壮，壮不同老；吾之身后，焉有子能肖父，孙能肖祖？如此期必，尽属妄想，所可尽者，惟留好样与儿孙而已。

【译文】

我的一生，常常会觉得少年时不同于壮年，壮年时不同于老年；在我死后，哪里有儿子能像父亲，孙子能像祖父的？如果期望必定如此，一定都属于妄想，能够尽力的，只有给儿孙树立一个好榜样而已。

若想钱而钱来，何故不想？若愁米而米至，人固当愁。晓起依旧贫穷，夜来徒多烦恼。

【译文】

要是想钱钱就会来，有什么缘故会不想？要是愁没有米米就来了，人当然应该发愁。早上起来仍然贫穷，夜里白白多那些烦恼。

半窗一几，远兴闲思，天地何其寥阔也；清晨端起，亭午高眠，胸襟何其洗涤也。

【译文】

半窗一几，兴致悠远思绪清闲，便觉得天地多么辽阔；清晨起来端坐，中午高睡一会儿，胸襟多么清净啊。

行合道义，不卜自吉；行悖道义，纵卜亦凶。人当自卜，不必问卜。

【译文】

行为合乎道义，不用占卜自然就是吉利的；行为有违道义，纵然占卜是吉兆实际也不会吉利。人应当按照自己的行为自卜吉凶，而不是求神问卜。

奔走于权幸之门，自视不胜其荣，人窃以为辱；经营于利名之场，操心不胜其苦，己反以为乐。

在权贵佞幸门前奔走，自己觉得不胜荣幸，他人私下都以为是耻辱；在名利场上经营谋划，操心辛苦之至，自己却反以之为乐。

宇宙以来有治世法，有傲世法，有维世法，有出世法，有垂世法。唐虞垂衣①，商周秉钺，是谓治世；巢父洗耳②，裘公瞋目③，是谓傲世；首阳轻周④，桐江重汉⑤，是谓维世；青牛度关⑥，白鹤翔云⑦，是谓出世；若乃鲁儒一人⑧，邹传七篇⑨，始谓垂世。

【注释】

①虞垂衣：《易·系辞》："黄帝尧舜垂衣裳而天下治。"

②巢父：晋代皇甫谧《高士传·巢父》："巢父者，尧时隐人也，山居不营世利，年老以树为巢而寝其上，故时人号曰巢父。"洗耳：传说尧欲令隐士许由做官，许由不想听，便在颍水之上洗耳。

③裘公瞋目：晋皇甫谧《高士传·披裘公》载："延陵季子出游，见道中有遗金，顾披裘公曰：'取彼金。'公投镰瞋目，拂手而言曰：'何子处之高而视人之卑？五月披裘而负薪，岂取金者哉？'"

④首阳轻周：周灭商后，伯夷、叔齐不食周粟，隐居首阳山。

⑤桐江重汉：东汉严光年轻时与光武帝游学，后光

武帝登位，屡次征他做官，他都辞而不就，隐居桐江。

⑥青牛度关：指老子乘青牛出函谷关西去的故事。

⑦白鹤翔云：《搜神后记》卷一载丁令威学道于灵虚山，后成仙化鹤归来，时有少年，举弓欲射之，鹤乃飞，徘徊空中而言曰："有鸟有鸟丁令威，去家千岁今来归。城郭如故人民非，何不学仙冢累累？"

⑧鲁儒：指孔子。

⑨邹传七篇：孟子，战国时邹人，著有《孟子》七篇。

【译文】

自有天地以来便有治世之法，有傲世之法，有维世之法，有出世之法，有垂世之法。尧舜垂拱无为，商周两代进行武力征讨，都是治世；巢父洗耳保持高洁，披裘公怒视斥责延陵季子，不取路上别人遗失的黄金，这是傲世；伯夷、叔齐在首阳山不食周粟，严光隐居桐江成就了汉朝的礼贤重士之名，这就是维世；老子骑青牛出函谷关，丁令威化鹤而去，这才是出世；像鲁国的大儒孔子，写有《孟子》七篇的邹人孟子，这才叫垂世。

书室中修行法：心闲手懒，则观法帖，以其可逐字放置也；手闲心懒，则治迂事，以其可作可止也；心手俱闲，则写字作诗文，以其可以兼济也；心手俱懒，则坐睡，以其不强役于神也；心不甚定，宜看诗及杂短故事，以其易于见意不滞于久也；心闲无事，宜看长篇文字，或经注，或史传，或古人文集，此又甚宜于风雨之际及寒夜也。又曰："手冗心闲则思，心冗手闲则卧，心手俱闲，则著作书字，心手俱冗，则思早毕其事，以宁吾神。"

【译文】

书房中修行的方法：心闲手懒的时候，就观看字帖，因为它可以一个字一个字地布置；手闲心懒，就从事那些不急的事，因为它们可以做也可以不做；心与手都闲，就写字或做文章，因为这可以兼顾到手和心；心和手都懒的时候，就或坐或睡，因为这不勉强役使自己的精神；心不太安定，宜于看诗或者短小故事，因为这容易明白其意，不用寻思很久；心闲无事，宜于看长篇的文字，或者是经书注释，或者是史书传记，或者是古人的文集，这又很适宜在风雨之时或者寒冷的长夜里。又说："手忙心闲就思考，心忙手闲就卧睡，心手都闲，就习字写书，心手都忙，就想着早点结束这事，使精神安宁。"

片时清畅，即享片时；半景幽雅，即娱半景；不必更起姑待之心。

【译文】

能得片刻清爽舒畅，便享受片刻；有半景幽雅，即欣赏这半景；不必另起等待之心。

一室经行①，贤于九衢奔走；六时礼佛②，清于五夜朝天。

【注释】

①经行：佛教徒因养身散除郁闷，旋回往返于一定之
地叫"经行"。

②六时：佛教分一昼夜为六时：晨朝、日中、日没、
初夜、中夜、后夜。

【译文】

在一室之内回旋往返，比在繁华的街道奔走要好；一
天之中六次礼佛，比五更早起上朝更为清心。

会意不求多，数幅晴光摩诘画；知心能有几？
百篇野趣少陵诗。

【译文】

令人心领神会的东西不求多，几幅明媚的王维画就足
够了；知心合意的东西能有多少？百篇野趣盎然的杜甫诗
歌就好。

闲暇时，取古人快意文章，朗朗读之，则心神
超逸，须眉开张。

【译文】

闲暇时，拿古人令人心情舒畅的文章，大声诵读，就
会觉得心神超脱飘逸，连胡子眉毛都会张开。

修净土者①，自净其心，方寸居然莲界；学禅坐者②，达禅之理，大地尽作蒲团。

【注释】

①净土：指净土宗，是汉传佛教十宗之一，由东晋慧远大师创立，根源于大乘佛教净土信仰，以专修往生阿弥陀佛净土之法门而得名。

②禅坐者：指修习禅宗的人。禅宗因主张修习禅定而得名。它的宗旨是以参究的方法，彻见心性的本源。

【译文】

　　修习佛法的人，要自己净化自己的内心，心灵里便会有佛国在内；学习参禅打坐的人，通晓了禅宗的道理，整个大地都可以看作打坐的蒲团。

　　衡门之下，有琴有书。载弹载咏，爰得我娱。岂无他好？乐是幽居。朝为灌园，夕偃蓬庐。

【译文】

　　简陋的房子里，有琴有书。或弹或咏，自得其乐。哪是没有其他的爱好？是因为喜欢这个幽居的所在。晨起浇灌田园，傍晚在茅屋中休息。

　　因葺旧庐，疏渠引泉，周以花木，日哦其间。故人过逢，瀹茗弈棋，杯酒淋浪，殆非尘中有也。

【译文】

修葺旧房子，疏导水渠引来泉水，四周栽上花木，天天吟咏其间。故人来访，煮茶下棋，尽情酣饮，几乎不像是人世所能有的。

逢人不说人间事，便是人间无事人。

【译文】

遇到人不必说尘世那些烦心俗事，便是人间无事之人了。

闲居之趣，快活有五。不与交接，免拜送之礼，一也；终日可观书鼓琴，二也；睡起随意，无有拘碍，三也；不闻炎凉嚣杂，四也；能课子耕读，五也。

【译文】

闲居的趣味，有五种快活处。一是不与人交往应酬，免除了迎往送来的俗礼；二是可以成天看书弹琴；三是作息时间可以随意，不必拘束阻碍；四是不必听人世的种种人情冷暖；五是能教育孩子耕田读书。

挟怀朴素，不乐权荣；栖迟僻陋，忽略利名；葆守恬淡，希时安宁；晏然闲居，时抚瑶琴。

【译文】

怀抱着朴素的心，不喜欢权利荣华；在偏僻简陋的地方隐居，忽略名利；葆守内心的恬静淡泊，时刻安宁；无事悠然自乐，时或弹响瑶琴。

人生自古七十少，前除幼年后除老。中间光景不多时，又有阴晴与烦恼。到了中秋月倍明，到了清明花更好。花前月下得高歌，急须漫把金樽倒。世上财多赚不尽，朝里官多做不了。官大钱多身转劳，落得自家头白早。请君细看眼前人，年年一分埋青草。草里多多少少坟，一年一半无人扫。

【译文】

人生自古活到七十岁的人很少，而且前面一些岁月年幼无知后面一些日子体弱身虚。中间好时光不多，而且又有各种波折和烦恼。到了中秋时月儿特别明朗，到了清明时花儿开得更好。花前月下须得放声高歌，更要金樽倒满饮酒助兴。世上钱财多到赚不完，朝里官职多到做不了。官居高位钱财很多就会很劳碌，使得自己头发早白人早老。请君细看眼前人，每年都在渐渐老去，终有一天埋在青草淹没的坟墓中。那些青草中的坟墓，一年中一半时间都没有人祭扫。

饥乃加餐，菜食美于珍味；倦然后睡，草蓐胜似重裀。

【译文】

饿了就用餐，蔬菜比那些山珍海味更好吃；累了就睡觉，草垫子也比那层层的锦褥更舒服。

流水相忘游鱼，游鱼相忘流水，即此便是天机；太空不碍浮云，浮云不碍太空，何处别有佛性？

【译文】

流水不记得游鱼，游鱼不记得流水，这便是自然的启示；太空不妨碍浮云，浮云不妨碍太空，这就是佛性，别的地方哪里还有佛性？

丹山碧水之乡，月涧云龛之品①，涤烦消渴②，功诚不在芝术下。

【注释】

①"丹山"二句：出自唐孙樵《送茶与焦刑部书》："盖建阳丹山碧水之乡，月涧云龛之品，慎勿贱用之！"

②涤烦消渴：《唐国史补》载善煮茶的常伯熊随队出使西番，在帐中烹茶，被赞普看到，问他那是什么，他回答说："涤烦疗渴，所谓茶也。"人们因此称茶为涤烦子。

【译文】

茶来自丹山碧水之乡的建阳，是在月下涧流、高山之上所产的，能够涤除烦恼消解干渴，功效不在灵芝之下。

颇怀古人之风，愧无素屏之赐①，则青山白云，何在非我枕屏？

【注释】

①素屏：白色屏风。白居易《素屏谣》其中有一段：
"吾于香炉峰下置草堂，二屏倚在东西墙。夜如明
月入我室，晓如白云围我床。我心久养浩然气，亦
欲与尔表里相辉光。"

【译文】

很是怀想古人的风范，惭愧没有被赐赠白色屏风，但
青山白云，哪里不是我的枕屏呢？

江山风月，本无常主，闲者便是主人。

【译文】

江山和风月美景，本来没有恒常不变的主人，有闲的
人便是它们的主人。

被衲持钵，作发僧行径，以鸡鸣当檀越^①，以
枯管当筇杖，以饭颗当祇园^②，以岩云野鹤当伴侣，
以背锦奚奴当行脚头陀，往探六六奇峰^③，三三曲
水^④。

【注释】

①檀越：梵语音译，施主。
②饭颗：传说是长安附近的一座山。祇（qí）园："祇

树给孤独园"的简称。梵文的意译，印度佛教圣地之一，后指佛寺。

③六六奇峰：指嵩山少林三十六峰。

④三三曲水：指武夷山的九曲之水。

【译文】

穿着僧衣拿着钵，做出行脚僧人的行径，把鸡叫当作施主的催促，把枯竹当作禅杖，把饭颗山当作祇园精舍，把山石野鹤当作伴侣，将背着锦囊的小童仆当作行脚的和尚，去探索嵩山三十六峰，遍游武夷九曲之水。

山房置一钟，每于清晨良宵之下，用以节歌，令人朝夕清心，动念和平。李秃谓："有杂想，一击遂忘；有愁思，一撞遂扫"①，知音哉！

【注释】

①李秃：即李贽（1527—1602），明代著名的思想家、文学家，提出了"童心说"，对晚明的思想和文学影响颇大。

【译文】

山间小屋中放一口钟，每天在清晨或者良夜，用来击节为歌声伴奏，让人早晚心里清净，思绪平和。李贽曾说："有杂念，敲一下就忘记了；有愁思，撞一下就消除了。"确实是知音啊！

林泉之浒，风飘万点，清露晨流，新桐初引，萧然无事，闲扫落花，足散人怀。

【译文】

　　林中泉水之畔，微风飘动着万点落花，早晨的露珠晶莹欲滴，梧桐树刚绽嫩叶，闲来无事清扫落花，足够令人心胸开朗愉快。

　　山居之乐，颇惬冷趣：煨落叶为红炉，况负暄于岩户。土鼓催梅，荻灰暖地；虽潜凛以萧索，见素柯之凌岁。同云不流，舞雪如醉；野因旷而冷舒，山以静而不晦。枯鱼在悬，浊酒已注，朋徒我从，寒盟可固，不惊岁暮于天涯，即是挟纩于孤屿^①。

【注释】

①挟纩（kuàng）：《左传·宣公十二年》记楚庄王在天气寒冷的时候巡视军队，使军士感到温暖如穿棉衣。后以挟纩表示受到抚慰感到温暖。

【译文】

　　山居的乐趣，很合乎幽冷之趣：点燃落叶当做红泥火炉，还可以在山洞门口晒太阳。土鼓声声催开梅花，烧完的芦苇灰烬温暖着土地；虽然寒气凛冽景物萧索，但可以看到白雪挂满枝头即将度过一年。积聚的云朵看似不流动，而雪花如醉酒般狂舞；野外因空旷而寒冷，山峦因安静而不暗。鱼干已挂在那里，浊酒已经倒好，朋友前来相随，此刻即使是曾有嫌隙的友谊也可巩固，虽然身处天涯，不知不觉之中已经到了岁末，在荒野孤岛，也可感到抚慰的温暖。

郊中野坐，固可班荆①；径里闲谈，最宜拂石。侵云烟而独冷，移开清啸胡床；藉草木以成幽，撤去庄严莲界。况乃枕琴夜奏，逸韵更扬；置局午敲，清声甚远；洵幽栖之胜事，野客之虚位也。

【注释】

①班荆：指朋友途中相遇，铺荆于地，坐而畅叙。

【译文】

在郊野铺荆坐下，当然不必拘礼；在小路上闲谈，最宜拂去石头上的灰尘坐下。被云烟浸润着感到寒冷，移开清啸时坐的胡床；凭草木茂盛而享有幽趣，可撤去庄严的佛座。更何况夜里弹奏古琴，飘逸的韵致更加悠扬；中午布好棋局下棋，落子的声音传得很远；确实是幽居的胜事，虚席以待山野客人前来。

饮酒不可认真，认真则大醉，大醉则神魂昏乱。在书为沉湎①，在诗为童羖②，在礼为豢豕③，在史为狂药④。何如但取半酣，与风月为侣？

【注释】

①在书为沉湎：《尚书·泰誓》："沉湎冒色，敢行暴虐。"

②在诗为童羖（gǔ）:《诗经·小雅》:"由醉之言，俾出童羖。"童羖，无角的公羊，指不存在的东西。

③在礼为豢豕:《礼记·乐记》:"夫豢豕为酒，非以为祸也，而狱讼益繁，则酒之流生祸也。是故先王因为酒礼，一献之礼，宾主百拜，终日饮酒而不得醉焉。此先王之所以避酒祸也。"

④在史为狂药:《晋书·裴楷传》记载石崇与孙继舒饮酒，孙酒后傲慢，石想要罢免他的官职，裴楷便对石崇说:"足下饮人狂药，责人正礼，不亦乖乎?"

【译文】

饮酒不要太过认真，认真就会大醉，大醉就会神魂混乱不清。《尚书》说这叫沉溺，《诗经》说听信人醉后胡言乱语，就像寻找没角的公羊一样糊涂，《礼记》规定了酒礼，不得因酒招祸，在史书中说酒是令人发狂的药。何不只喝半醉，与风月做伴呢?

家鸳鸯湖滨，饶蒹葭凫鹭，水月淡荡之观。客啸渔歌，风帆烟艇，虚无出没，半落几上。呼野衲而泛斜阳，无过此矣!

【译文】

安家在鸳鸯湖边，多是蒹葭苍苍水鸟悠游、水光月色相映的恬适之景。有客长啸、渔歌唱起，风中扬帆、烟波之中小船出没的景象像画一样时或落在我的桌几之上。唤起山僧一起在余晖中泛舟，没有什么比这更美了!

月夜焚香，古桐三弄，便觉万虑都忘，妄想尽绝。试看香是何味？烟是何色？穿窗之白是何影？指下之余是何音？恬然乐之而悠然忘之者，是何趣？不可思量处，是何境？

【译文】

月夜焚香，弹奏古琴，便觉得千万种思虑都忘却了，所有的痴心妄想都断绝了。香是什么味道？烟是何等颜色？透过窗户的光线是何样的光影？手指之下回荡的是什么声音？恬然乐之而悠然忘却的，又是什么情趣？飘忽不可捉摸的，又是什么境界？

人之交友，不出"趣味"两字，有以趣胜者，有以味胜者。然宁饶于味，而无饶于趣。

【译文】

人交朋友，不出"趣味"这两个字，有的朋友以趣胜，有的朋友以味胜。但宁可多味而不可太多趣。

守恬淡以养道，处卑下以养德，去嗔怒以养性，薄滋味以养气。

【译文】

坚守恬淡之心来修养道义，处于谦卑之地来培养德行，去除嗔怪和愤怒来修养性情，减少厚重甘美的滋味来培养元气。

　　吾本薄福人，宜行惜福事；吾本薄德人，宜行厚德事。

【译文】
　　我本来是福气少的人，应该多做些珍惜福气的事；我本来是德行不厚的人，应该多做增加德行修养的事。

　　知天地皆逆旅，不必更求顺境；视众生皆眷属，所以转成冤家。

【译文】
　　明白天地都只是寄居之所，就不必再求顺利之境；把众生都看成是眷属，关系太亲密反而容易变成冤家。

　　只愁名字有人知，涧边幽草；若问清盟谁可托，沙上闲鸥。

【译文】
　　如果怕名字有人知道，可以问涧边无声无息自在生长的小草；要是想知道清雅的盟约有谁可以托付，可托那沙上悠闲的鸥鸟。

　　幽人清课，讵但啜茗焚香？雅士高盟，不在题诗挥翰。

【译文】

幽人每天清雅的功课，哪里只是喝茶和焚香？雅士高洁的订盟，亦不在题诗写字。

以养花之情自养，则风情日闲；以调鹤之性自调，则真性自美。

【译文】

用养花的情趣来涵养自己，就会觉得精神日渐闲适；用调训仙鹤的性情来自我调整，本性自然便会流露出优美。

热肠如沸，茶不胜酒；幽韵如云，酒不胜茶。茶类隐，酒类侠。酒固道广，茶亦德素。

【译文】

使人热血沸腾，茶比不上酒；多发如云彩般幽雅的韵致，酒比不过茶。茶像隐士，酒像侠客。酒固然有助交游，茶也自有其德性。

老去自觉万缘都尽，那管人是人非？春来倘有一事关心，只在花开花谢。

老了觉得所有的尘世牵挂都断了，哪里去管别人的是非对错？春天来了倘若还有一事关心，那便是还关注花开花落。

口中不设雌黄，眉端不挂烦恼，可称烟火神仙；随意而栽花柳，适性以养禽鱼，此是山林经济。

【译文】

口里不言论别人的是非，眉梢不带烦恼，便可叫做尘世中的神仙；随意栽花种柳，按自己的性情来养蓄禽鸟和游鱼，这正是山林里的经营。

午睡醒来，颓然自废，身世庶几浑忘；晚炊既收，寂然无营，烟火听其更举。

【译文】

午睡醒来，寂然自忘，几乎连身世也忘怀了；晚饭吃过，安静无事，不妨再任炊烟燃起。

花开花落春不管，拂意事休对人言；水暖水寒鱼自知①，会心处还期独赏。

【注释】

①水暖水寒鱼自知：宋释道原在《景德传灯录》中记载

> 惠明听六祖慧能一席话，恍然开悟，说道："某甲虽在黄梅（指五祖弘忍受）随众，实未省自己面目。今蒙指受入处，如人饮水，冷暖自知，行者即是某甲师也。"

【译文】

春天不管花开花落，不顺心的事不必对人言说；水暖水寒鱼儿自己知道，会心的地方只留自己欣赏吧。

心地上无风涛，随在皆青山绿水；性天中有化育，触处见鱼跃鸢飞[①]。

【注释】

①鱼跃鸢飞：《诗经·大雅·旱麓》"鸢飞戾天，鱼跃于渊"，孔颖达疏曰："其上则鸢鸟得飞至于天以游翔，其下则鱼皆跳跃于渊中而喜乐，是道被飞潜，万物得所，化之明察故也。"后以"鸢飞鱼跃"谓万物各得其所。

【译文】

心灵里没有起伏，处处都是青山绿水；天性中有化育外物的善心，到处都可以见到鱼跃鸢飞的自在景象。

宠辱不惊，闲看庭前花开花落；去留无意，漫随天外云卷云舒。

【译文】

宠幸或者侮辱都不能令心有所惊动，悠闲地欣赏庭前花开花落；或去或留都无意识，只是随着天上的白云或卷或舒。

会得个中趣，五湖之烟月尽入寸衷；破得眼前机，千古之英雄都归掌握。

【译文】

如果能领会得到其中的趣味，五湖的烟月都能进入到内心；若是能看透眼前的局势，千古的英雄都可以掌握在手中。

细雨闲开卷，微风独弄琴。

【译文】

细雨轻洒，闲翻诗书，微风之中独自抚弄古琴。

水流任意景常静，花落虽频心自闲。

【译文】

水流随意，景物常静，花虽然不断凋零，心却自在安闲。

残曛供白醉①，傲他附热之蛾；一枕余黑甜，输却分香之蝶。闲为水竹云山主，静得风花雪月权。

【注释】

①白醉：谓温暖如醉。宋楼钥《炙背俯晴轩》诗："映檐成白醉，挟纩谢奇温。"

【译文】

　　太阳的余温令人沉醉，傲视着那些追逐灯光的飞蛾；倒头便酣睡，不必像追逐花香的蝴蝶一般忙忙碌碌。

　　半幅花笺入手，剪裁就腊雪春冰；一条竹杖随身，收拾尽燕云楚水。

【译文】

　　半幅精美的印花笺在手，便可将腊雪春冰的美景描写而出；手拿一条竹杖，便可将燕云楚水都一一游览。

　　心与竹俱空，问是非何处安觉；貌偕松共瘦，知忧喜无由上眉。

【译文】

　　如果心像竹子都是中空清虚的，那么人世间的是是非非都会无处安放不必觉察；貌相如松树般清瘦，可知或忧或喜是不能到达他的眉头的。

　　芳菲林圃看蜂忙，觑破几多尘情世态；寂寞衡茆观燕寝，发起一种冷趣幽思。

在芳香的林圃中看蜜蜂忙碌，看破多少人间的世态冷暖；在寂寞简陋的草屋中观看燕子安寝，生发出清冷的幽静之思。

何地非真境？何物非真机？芳园半亩，便是旧金谷^①；流水一湾，便是小桃源。林中野鸟数声，便是一部清鼓吹；溪上闲云几片，便是一幅真画图。

【注释】

①金谷：即金谷园，西晋石崇在洛阳的园林。

【译文】

什么地方不是仙境？什么东西没有真意？半亩芳园，便是昔日美丽的金谷园；一湾流水，便是小小的桃花源。林中野鸟的几声鸣叫，就是一部清雅的乐曲；溪上的几片闲淡云彩，便是一幅美丽的图画。

人在病中，百念灰冷，虽有富贵，欲享不可，反羡贫贱而健者。是故人能于无事时常作病想，一切名利之心，自然扫去。

【译文】

人在生病的时候，什么念头都冷却下来，虽然拥有富贵，想要享受却不能够，反而羡慕那些贫贱但是健康的人。所以人能在无事的时候常常想到生病时的状态，一切的名利之心，自然都一扫而空。

万壑松涛，乔柯飞颖，风来鼓飓，谡谡有秋江八月声①，迢递幽岩之下，披襟当之，不知是羲皇上人。

【注释】

①谡谡（sù）：风急貌。

【译文】

万道溪谷中都回响着松涛之声，高大的松树飞下松针，大风吹起，风声就像秋天八月江上的潮水声，远远送到幽静的岩石之下，披衣临风，逍遥如上古时人。

霜降木落时，入疏林深处，坐树根上，飘飘叶点衣袖，而野鸟从梢飞来窥人。荒凉之地，殊有清旷之致。

【译文】

落霜之时树叶凋零，进入到疏朗的林中，坐在树根之上，飘飘的落叶点缀在衣袖上，而野鸟从林梢上飞下来窥探人。荒凉的地方，特别有清爽旷远的情致。

明窗之下，罗列图史琴尊以自娱。有兴则泛小舟，吟啸览古于江山之间。渚茶野酿，足以消忧；莼鲈稻蟹，足以适口。又多高僧隐士，佛庙绝胜。

家有园林，珍花奇石，曲沼高台，鱼鸟流连，不觉日暮①。

【注释】

①"明窗之下"一段：是宋苏舜钦《答韩持国书》中写他在沧浪亭闲居的生活。

【译文】

明净的窗户下，罗列着图画、史书、古琴、酒杯以自娱自乐。有兴致的时候就驾着小船，吟诗长啸在山水之间寻访古迹。小洲上的茶山野人家的酒，足够消解忧愁；莼菜和鲈鱼米饭以及螃蟹，足够饱享口福。又多高僧和隐士，佛庙非常之好。家有园林，有珍稀的花木和奇异的石头，有曲折的水流和高高的亭台，鱼鸟在此流连，不觉得天色已晚。

山中莳花种草，足以自娱，而地朴人荒，泉石都无，丝竹绝响，奇士雅客亦不复过，未免寂寞度日。然泉石以水竹代，丝竹以莺舌蛙吹代，奇士雅客以蠹简代，亦略相当。

【译文】

在山中栽花种草，足以自娱，而土地荒凉，人烟稀少，清泉和秀石一样也没有，并没有音乐，奇人雅士也不来相访，不免寂寞度日。但是用水竹来代替泉水石头，用莺唱蛙鸣来代替丝竹音乐，用旧书册来代替奇人雅客，也大致可以相当了。

闲中觅伴书为上，身外无求睡最安。

【译文】

在闲暇中寻到的最好伴侣就是图书，一身之外如果别无所求睡得就最安稳。

栽花种竹，未必果出闲人；对酒当歌，难道便称侠士？

【译文】

栽花种竹，未必就能真正出闲人；对酒当歌，难道便可以被称为侠士吗？

室距桃源，晨夕恒滋兰茝；门开杜径，往来惟有羊裘。

【译文】

家离桃源不远，早晚常种兰花香草；门前的小路上种着杜若，往来的人只有幽隐之士。

枕长林而披史，松子为餐；入丰草以投闲，蒲根可服。

靠近高大的树木而披阅史书，以松子为食物；来到茂密的草地身处幽闲之境，蒲根亦可服食。

一泓溪水柳分开，尽道清虚搅破；三月林光花带去，莫言香分消残。

【译文】

一泓溪水被柳林分开，都说清虚被打破了；落花将三月透过树林的阳光带去了，不要说香散了花残了。

荆扉昼掩，闲庭宴然，行云流水襟怀；隐不违亲，贞不绝俗，太山乔岳气象。

【译文】

柴门白天也关着，悠闲的庭院里一片安然，行云流水般自然顺畅的襟怀；隐居而不违背亲情，高洁却不与世隔绝，是泰山高岭的气象。

窗前独榻频移，为亲夜月；壁上一琴常挂，时拂天风。

【译文】

频繁搬动窗前的坐榻，为的是和月亮更亲近；壁上常常挂着一张古琴，时时被风吹拂。

萧斋香炉书史，酒器俱捐；北窗石枕松风，茶
铛将沸。

【译文】

素净的斋中有香炉书画和史书，酒和酒器都可以不要；
北窗之下有石枕和松风，茶铛的水就要烧开了。

明月可人，清风披坐，班荆问水，天涯韵士高
人，下箸佐觞，品外涧毛溪蕨①，主之荣也。高轩
塞户，肥马嘶门，命酒呼茶，声势惊神震鬼，叠筵
累几，珍奇罄地穷天，客之辱也。

【注释】

①涧毛：即"涧溪毛"，山中野草。《左传·隐公三
年》："涧溪沼沚之毛。"杜预注："毛，草也。"清
代袁枚《随园诗话补遗》卷二之《木兰山人诗》：
"谁采涧毛修冷寺？我沽村酒读遗诗。"

【译文】

明月可人意，清风吹来，披衣起坐，铺开荆条坐而闲
谈，天涯高人韵士前来，下酒之物是山涧溪水中的山肴野
菜，这是主人的荣耀。华丽的车子挤满门前，肥壮的马匹
在嘶叫，吆喝着叫酒要茶，声势浩大令鬼神震惊，菜肴布
满桌上几上，穷尽人间的美味，这是客人的耻辱。

坐茂树以终日，濯清流以自洁。采于山，美可

茹；钓于水，鲜可食。

【译文】

坐在茂密的树下悠游终日，在清澈的流水中洁净自己。从山上采来的野味，美味可口；从水中钓起的鱼，新鲜可吃。

菜甲初长，过于酥酪。寒雨之夕，呼童摘取，佐酒夜谈，嗅其清馥之气，可涤胸中柴棘，何必纯灰三斛？

【译文】

菜叶刚刚长出，比酥酪还要美味。下雨的夜晚，让童子摘下来，作为清谈小酌时的下酒之物，闻着清香之气，可以洗去心中所有的俗念，何必要用三斛纯灰来洗呢？

暖风春座酒，细雨夜窗棋。

【译文】

春风轻暖，闲坐饮酒，细雨霏霏，夜窗对棋。

秋冬之交，夜静独坐，每闻风雨潇潇，既凄然可愁，亦复悠然可喜。至酒醒灯昏之际，尤难为怀。长亭烟柳，白发犹劳，奔走可怜名利客；野店溪云，红尘不到，逍遥时有牧樵人。天之赋命实同，人之自取则异。

【译文】

秋尽冬来之际，静夜独坐，每每听到风雨潇潇，觉得既凄凉忧愁，又觉得悠然可喜。到了酒醒之后的灯火阑珊时，心情更是难以名状。饯别的长亭烟柳依依，头发白了还在奔波，是一生劳碌的追逐名利的人。荒野里的小店，溪水自在流淌，流云自在卷舒，尘世纷扰不到此处，逍遥自在，时有牧人樵人。上苍赋予人们的命运其实相同，不过是人们各自的取舍不同罢了。

风起思莼，张季鹰之胸怀落落；春回到柳，陶渊明之兴致翩翩。然此二人，薄宦投簪，吾犹嗟其太晚。

【译文】

秋风起来思念家乡的莼菜，张季鹰的胸怀真是潇洒；春回大地，柳树又绿，陶渊明的兴致何其高远。但这两个人，都是先担任过卑微的官职才归隐的，我还是叹息他们归隐得太晚。

黄花红树，春不如秋；白雪青松，冬亦胜夏。春夏园林，秋冬山谷，一心无累，四季良辰。

【译文】

要论黄花的明媚和红树的艳美，春天不如秋天；要论白雪的皎洁青松的郁郁，冬天胜过夏天。春夏看园林，秋冬看山谷，内心无所拖累，四季都是好时光。

听牧唱樵歌，洗尽五年尘土肠胃①；奏繁弦急管，何如一派山水清音？

【注释】

①五年尘土肠胃：《舌华录》载："郗诜数月山行，喜闻樵语牧唱，曰：'洗尽五年尘土肠胃。'"

【译文】

听牧童和樵夫唱歌，洗尽多年来为尘土所污的肠胃；奏响繁复急促的管弦乐曲，哪里比得上一派山水之间的清越之音？

孑然一身，萧然四壁，有识者当此，虽未免以冷淡成愁，断不以寂寞生悔。

【译文】

孤独一人，屋里空无所有，有见识的人，在此时虽未免因为冷清而忧愁，却决不会因为寂寞而生出后悔之意。

从五更枕席上参看心体，气未动，情未萌，才见本来面目；向三时饮食中谙练世味，浓不欣，淡不厌，方为切实功夫。

【译文】

在五更的枕席之上审视自己的心性，气息不躁动，情思未萌发，才可以见到本来的面目；在一日三餐中体味世情，不因滋味浓厚就高兴，也不因为滋味淡薄而厌弃，这才是真功夫。

瓦枕石榻，得趣处，下界有仙；木食草衣，随缘时，西方无佛。

【译文】

能在瓦做枕头石做床榻的简朴生活中得到真趣，即使在尘世中也似神仙；以山中野树之果为食、编草做衣，能够自然随缘，处处是佛境，不必去西方寻找了。

当乐境而不能享者，毕竟是薄福之人；当苦境而反觉甘者，方才是真修之士。

【译文】

身处快乐的境遇而不能享受的，终究是福气少的人；在困苦的境遇中反而觉得甘甜的，才是真正的修行之士。

半轮新月数竿竹，千卷藏书一盏茶。

【译文】

半轮新月数竿竹子，千卷藏书一杯清茶。

偶向水村江郭，放不系之舟①；还从沙岸草桥，吹无孔之笛②。

【注释】

①不系之舟：指没有束缚和缆绳捆绑的船。也比喻无拘无束的身躯。《庄子·列御寇》曰："巧者劳而智者忧，无能者无所求，饱食而遨游，泛若不系之舟，虚而遨游者也。"

②无孔之笛：佛教语。原谓无法吹鸣的无孔之笛，于禅林中专指禅宗悟境无法以心思或言语来表达，犹如无法吹鸣之无孔笛。

【译文】

偶然向水边村落江边城郭，放开小舟的缆绳不系，随意飘荡而行；又到沙岸草桥，随意吹奏无孔的笛子。

物情以常无事为欢颜，世态以善托故为巧术。

【译文】

万物之情以恒常无事为快乐，世间之态以善于找借口为巧妙之术。

善救时，若和风之消酷暑；能脱俗，似淡月之映轻云。

【译文】

善于挽救时势，就像和风消解了酷暑一样；能够脱离世俗，就像淡淡的月光映照着薄薄的云彩。

廉所以惩贪，我果不贪，何必标一廉名，引来贪夫之侧目；让所以息争，我果不争，又何必立一让名，以致暴客之弯弓？

【译文】

廉洁是为了惩治贪婪的，我若真不贪，何必标榜一个廉洁的名声，引来那些贪婪的人的愤恨呢？谦让是为了平息纷争，我若真不争竞，又何必树立一个谦让的名声，让那些暴徒将我视为众矢之的呢？

曲高每生寡和之嫌，歌唱需求同调；眉修多取入宫之妒，梳洗切莫倾城。

【译文】

曲子过于高深，便总遗憾能应和的人少，唱歌是需要音调相同的人的；眉毛修长容颜美丽，便容易招来后宫佳丽的嫉妒，一定不要梳洗打扮得倾国倾城。

随缘便是遣缘，似舞蝶与飞花共适；顺事自然无事，若满月偕盆水同圆。

【译文】

随缘就是跟随情势而动，就像是飞舞的蝴蝶和飞扬的花朵一样和谐；顺应时势，自然就会无事，就像是天上的圆月和盆水中的月影一样完满。

耳根似飙谷投响，过而不留，则是非俱谢；心境如月池浸色，空而不着，则物我两忘。

【译文】
　　耳根听到的话就像大风吹过山谷激起回响，过去了便不留痕迹，那些是与非都会消失；心境像池水浸润着月色，却空灵而不着色，这样就能物我两忘。

卷六　景

　　第六卷题为"景"，主要是指山川自然之景，也有人世劳作生活之特写。

　　当然，景也并不全是诗情画意，也有辛苦劳作之情，如春耕既作，辛苦繁杂，远不是看起来这么诗情画意。大约真正经过劳动的人，都能理解陶渊明在《丙辰岁八月中于下潠田舍获》中所写的："贫居依稼穑，戮力东林隈。不言春作苦，常恐负所怀。"这种辛苦的劳作画面，也是最美的风景之一。所以，体会"闲步畎亩间，垂柳飘风，新秧翻浪，耕夫荷农器，长歌相应，牧童稚子，倒骑牛背，短笛无腔，吹之不休，大有野趣"的田园风味，风吹麦浪之际，听牧童短笛之声，山野之意味亦是无穷。

　　而如"夜阑人静，携一童立于清溪之畔，孤鹤忽唳，鱼跃有声，清入肌骨"这样的美景，只有在人的内心清宁之时，才能细细体会到。夜阑的鱼跃声，深山中的桂花落地之声，都是生命中细微的诗意，也是最容易被淹没在喧嚣之中的声音。只有停下脚步，检点内心，在清宁而悠然、心无所累的情境中，才能对大自然的每一丝微动，每一瞬光影，都心领神会。

　　"天气晴朗，步出南郊野寺，沽酒饮之。半醉半醒，携僧上雨花台，看长江一线，风帆摇曳，钟山紫气，掩映黄屋，景趣满前，应接不暇。"不是旅行，不是出游，而是生活中的闲暇时刻，在自己熟悉的地方，看熟悉的风景，却自能于日日重复中，依然不厌倦，目接神会中，心有所得。

　　"景"无处不在，无时不有，要有心人来领会。

结庐松竹之间，闲云封户；徙倚青林之下，花瓣沾衣。芳草盈阶，茶烟几缕；春光满眼，黄鸟一声。此时可以诗，可以画，而正恐诗不尽言，画不尽意。而高人韵士，能以片言数语尽之者，则谓之诗可，谓之画可，则谓高人韵士之诗画亦无不可。集景第六。

【译文】

　　在松竹之间造屋，悠闲的白云堵住房门；在青林之中徘徊，飞落的花瓣沾到衣服上。阶前满是芳草，煮茶的炊烟升起几缕；满目都是春光，偶尔黄鸟啼叫一声。此时可以写诗，可以作画，只是恐怕诗不尽言，画不尽意。而高人雅士，以只言片语便可以完全表达出来的，称之为诗也可以，称之为画也可以，称之为高人雅士的诗画也无不可。集景第六。

　　花关曲折，云来不认湾头；草径幽深，落叶但敲门扇。

【译文】

　　开满鲜花的路曲曲折折，云来了都不认得停歇的港湾；小径芳草茂密曲折幽深，落叶轻轻敲打着门扉。

　　细草微风，两岸晚山迎短棹；垂杨残月，一江春水送行舟。

【译文】

细草平铺，微风吹拂，两岸暮色中山峦迎接着小船；杨柳低垂，残月在空，一江春水送别着远行的航船。

草色伴河桥，锦缆晓牵三竺雨；花阴连野寺，布帆晴挂六桥烟①。

【注释】

①三竺与六桥：是指浙江杭州的天竺山和西湖苏堤上的六座桥。

【译文】

青草的翠色伴着河上的小桥，锦做的船缆清晨牵系着三竺的细雨；花阴一直连到野寺，布帆悬挂在六桥的烟水中。

闲步畎亩间，垂柳飘风，新秧翻浪，耕夫荷农器，长歌相应，牧童稚子，倒骑牛背，短笛无腔，吹之不休，大有野趣。

【译文】

在田野间闲步，垂柳在风中摇曳，新插的秋苗被风吹起似波浪，农夫扛着农器，长歌互答，牧童和小孩子，倒骑在牛背上，不停地吹着不成腔调的短笛，大有山野之趣。

夜阑人静，携一童立于清溪之畔，孤鹤忽唳，鱼跃有声，清入肌骨。

【译文】

夜深人静，带一小童在清澈的溪水边站着，听孤鹤忽然鸣叫一声，听到鱼儿在水中跃起的声音，清爽之意沁入肌骨。

门内有径，径欲曲；径转有屏，屏欲小；屏进有阶，阶欲平；阶畔有花，花欲鲜；花外有墙，墙欲低；墙内有松，松欲古；松底有石，石欲怪；石面有亭，亭欲朴；亭后有竹，竹欲疏；竹尽有室，室欲幽；室旁有路，路欲分；路合有桥，桥欲危；桥边有树，树欲高；树阴有草，草欲青；草上有渠，渠欲细；渠引有泉，泉欲瀑；泉去有山，山欲深；山下有屋，屋欲方；屋角有圃，圃欲宽；圃中有鹤，鹤欲舞；鹤报有客，客不俗；客至有酒，酒欲不却；酒行有醉，醉欲不归。

【译文】

门内要有小路，小路要曲折；小路转弯的地方要有屏风，屏风要小巧；过了屏风向前要有台阶，台阶要平整；台阶之畔要种花，花朵要鲜艳；花木之外要有墙，墙头要低；墙内要有松树，松树要苍古；松树下面要有石，石头形状要奇特；石头对面要有亭子，亭子要古朴；亭后要有竹林，竹林要疏朗；竹林尽头要有小屋，房间要幽静；房子旁要有路，路要分岔；路汇合的地方要有桥，桥要高而陡；桥边要有树，树要长得高；树阴下要有草坪，草坪要青翠；草坪上要有渠，渠要细；渠引来泉水，泉要从高处形成瀑布；离开泉水要有山，山要显得深邃；山下要有屋，屋子要方正；屋角有园圃，园圃要宽阔；圃中要有鹤，鹤要能舞；鹤报告有客人来，客人不俗气；客来了要有酒，饮酒不推辞；饮酒要酣畅尽兴，醉了便不归去。

清晨林鸟争鸣，唤醒一枕春梦。独黄鹂百舌，抑扬高下，最可人意。

【译文】

清晨林间的鸟儿们争相鸣唱，将人从一枕春梦中唤醒。唯有黄鹂鸟叫声多变，高低长短，最能够令人称意。

曲径烟深，路接杏花酒舍；澄江日落，门通杨柳渔家。

【译文】

小径弯弯烟雾正深，路直达到杏花酒馆；澄澈的江上夕阳落下，门通向杨柳丛中的渔家。

长松怪石，去墟落不下一二十里。鸟径缘崖，涉水于草莽间数四。左右两三家相望，鸡犬之声相闻。竹篱草舍，燕处其间，兰菊艺之，临水时种桃梅，霜月春风，日有余思。儿童婢仆皆布衣短褐，以给薪水，酿村酒以饮之。案有杂书：《庄周》《太玄》《楚词》《黄庭》《阴符》《楞严》《圆觉》数十卷而已。杖藜蹑屣，往来穷川大谷，听流水，看激湍，鉴澄潭，步危桥，坐茂树，探幽壑，升高峰，不亦乐乎！

【译文】

高高的松树奇异的石头，离村落不少于一二十里。窄窄的小路沿着悬崖延伸，屡次在草莽丛中涉水而过。左右两三家遥遥相望，彼此可以听到鸡鸣狗叫之声。竹篱茅舍，安然居住其中，种植兰花和菊花，临水的地方种上桃树和梅树，春风秋月，每天都有闲情。孩子仆人都穿粗布短衣，自己打柴汲水，自酿村酒饮用。案头有杂书：《庄周》《太玄》《楚词》《黄庭》《阴符》《楞严》《圆觉》数十卷罢了。挂着拐杖穿着木屐，在大河深谷中往来，听流水，看急流，观赏清澈的潭水，走过高高的小桥，坐在茂密的树下，在幽深的山谷中探索，登上高高的山峰，不也非常快乐吗！

天气晴朗，步出南郊野寺，沽酒饮之。半醉半醒，携僧上雨花台，看长江一线，风帆摇曳，钟山紫气，掩映黄屋，景趣满前，应接不暇。

【译文】

天气晴朗，步出南郊的野寺，买酒来喝。半醉半醒之间，与僧人相携上雨花台，看长江蜿蜒流淌，船帆摇曳，钟山的紫气，掩映着帝王的宫殿，美景幽趣，令人应接不暇。

净扫一室，用博山炉爇沉水香^①，香烟缕缕，直透心窍，最令人精神凝聚。

【注释】

①爇（ruò）：烧。博山炉，又叫博山香炉、博山香薰等名，是中国汉、晋时期常见的焚香所用的器具。

【译文】

打扫一间干净的屋子，用博山香炉点起沉水香，香烟缕缕，直透人的心灵，最令人精神专注。

柴门不扃，筠帘半卷，梁间紫燕，呢呢喃喃，飞出飞入。山人以啸咏佐之，皆各适其性。

【译文】

柴门不锁，竹帘半卷，梁间的紫燕，呢喃叫着，飞出飞入。山居之人以长啸吟咏与之应和，物和人都各自切合各自的性情。

风晨月夕，客去后，蒲团可以双跏^①；烟岛云林，兴来时，竹杖何妨独往。

【注释】

①双跏（jiā）：佛教中指修禅者的做法，两足交叉置

于左右股上。泛指静坐。

【译文】

清风微拂的清明，月光如水的夜晚，客人散去后，在蒲团上双足交叠而坐；烟雾弥漫的岛屿，云气缭绕的树林，兴致来了，不妨拿着竹杖独自前往。

三径竹间①，日华澹澹，固野客之良辰；一偏窗下，风雨潇潇，亦幽人之好景。

【注释】

①三径：据晋赵岐《三辅决录》卷一记载，汉代蒋诩辞官不仕，在杜陵隐居，闭门不出，竹下有三径，只让羊仲与求仲出入。后来以三径代指隐士居住之处。

【译文】

竹间三径，阳光恬静，真是个山野之客的好时光；手拿一卷书，风雨潇潇，也是幽居者的好光景。

人冷因花寂，湖虚受雨喧。

【译文】

人因为周围的花木寂寥而感到寒冷，湖面因为空旷受到雨点敲击而显得喧闹。

以江湖相期，烟霞相许；付同心之雅会，托意气之良游。或闭户读书，累月不出；或登山玩水，竟日忘归。斯贤达之素交，盖千秋之一遇。

【译文】

以浪迹江湖、与烟霞为伴相期许；托付给同心合意、意气相投的良伴。有时闭门读书，有时数月不出；有时登山玩水，终日忘返。这种与贤达之士的纯洁友谊，大约千年一遇。

荫映岩流之际，偃息琴书之侧。寄心松竹，取乐鱼鸟，则淡泊之愿，于是毕矣。

【译文】

树阴掩映山间溪流的时刻，在琴书之旁休息。将心事寄托在松竹之上，观赏鱼鸟得到乐趣，那淡泊的心愿，至此就可以完成了。

庭前幽花时发，披览既倦，每啜茗对之。香色撩人，吟思忽起，遂歌一古诗，以适清兴。

【译文】

庭前幽香的花儿随着时令开放，读书读累了，常常喝着茶看花，香气和色彩都令人动心，顿时兴起吟咏的兴致，于是吟唱一首古诗，用来切合此时的雅兴。

凡静室，须前栽碧梧，后种翠竹，前檐放步，北用暗窗，春冬闭之，以避风雨，夏秋可开，以通凉爽。然碧梧之趣，春冬落叶，以舒负暄融和之乐，夏秋交荫，以蔽炎烁蒸烈之气，四时得宜，莫此为胜。

【译文】

凡是安静的居室，要在前面栽种碧绿的梧桐树，后面种植青翠的竹林，房前屋檐宽敞可以散步，北面要用暗窗，春天和冬天关闭以避风雨，夏天和秋天可打开，用来通风乘凉。然而梧桐的意趣，还在于春冬季节叶子落了，可以使人在太阳下晒背取暖，夏秋季节树叶交相掩映，可以遮挡灼热之气，四时都各得其宜，没有什么比这更好的了。

良辰美景，春暖秋凉，负杖蹑履，逍遥自乐，临池观鱼，披林听鸟，酌酒一杯，弹琴一曲，求数刻之乐，庶几居常以待终。

【译文】

在美好的时光、美丽的景色中，春天温暖、秋天凉爽之时，带着手杖穿上草鞋，逍遥快乐，到水边看游鱼，入林中听鸟鸣，饮一杯酒，弹一曲琴，寻求数刻的快乐，大概以此为常以待终老。

几分春色，全凭狂花疏柳安排；一派秋容，总是红蓼白蘋妆点。

【译文】

春色几分，全凭烂漫的鲜花、稀疏的柳树来安排；秋天的一派风光，总是靠红蓼和白蘋来点缀。

野旷天低树，江清月近人。

【译文】

原野广阔，显得天空比树梢都要低，江水清澈，月亮倒映于水中，显得与人特别接近。

春山艳冶如笑，夏山苍翠如滴，秋山明净如妆，冬山惨淡如睡。

【译文】

春天的山，艳丽像含笑；夏天的山，青翠的颜色似乎要流淌出来；秋天的山，明净美丽似乎妆扮过；冬天的山，光线暗淡如同沉睡一般。

盛暑持蒲，榻铺竹下，卧读《骚》经，树影筛风，浓阴蔽日，丛竹蝉声，远远相续，蘧然入梦。醒来命取榍栟发，汲石涧流泉，烹云芽一啜，觉两腋生风。徐步草玄亭，芰荷出水，风送清香，鱼戏冷泉，凌波跳掷。因涉东皋之上，四望溪山罨画，平野苍翠。激气发于林瀑，好风送之水涯，手挥麈尾，清兴洒然。不待法雨凉雪，使人火宅之念都冷①。

【注释】

①火宅：佛教用语。比喻炽燃着烦恼火焰的轮回世界。

【译文】

　　炎热的暑日里拿着蒲扇，将榻铺在竹林之下，卧读《离骚》，树影间透过微风，浓密的树阴遮蔽了阳光，竹丛中传出蝉的鸣叫，远远的时断时续，不觉沉沉入梦。醒来让人取来梳子梳理头发，汲取石涧中流动的泉水，煮好茗茶来喝，觉得腋下生风。缓步草玄亭，菱叶与荷叶伸出水面，风儿送来阵阵清香，鱼儿在清凉的泉水中嬉戏，有时候跳出水面。于是登上东皋，环顾四周，溪水与青山如同一幅彩色画卷，原野一片苍翠。林间瀑布中发出激越之气，被和风吹送到水边，手里拿着拂尘，清雅的兴致洒然脱俗。不必等待佛法如雨露滋润或者如雪般清凉，就可使人内心躁动的念头一一冷却。

　　一抹万家，烟横树色，翠树欲流，浅深间布，心目竞观，神情爽涤。

【译文】

　　一抹云霞笼罩万家，烟雾弥漫在林间，树木苍翠欲滴，浅色和深色相间分布，心和眼争相欣赏，神情清爽如洗。

　　万里澄空，千峰开雾，山色如黛，风气如秋，浓阴如幕，烟光如缕，笛响如鹤唳，经飓如咿唔，温言如春絮，冷语如寒冰，此景不应虚掷。

【译文】

天空万里无云，山峰云开雨散，山色苍翠，风景气象如同秋天一般，浓密的树阴如同幕布，烟光似线，笛声如同鹤唳，诵经的声音如同歌吟，温暖的话语如同春天的飞絮，冷峭的语言如同寒冰，这样的好风景不应该虚度。

山房置古琴一张，质虽非紫琼绿玉，响不在焦尾、号钟①，置之石床，快作数弄。深山无人，水流花开，清绝冷绝。

【注释】

①焦尾、号钟、绿绮：皆古代名琴。

【译文】

山间居室里放一张古琴，质地虽不是紫琼、绿玉琴那样高贵，发音虽不如焦尾、号钟琴那样美妙，放在石床之上，也可不时弹几曲快心之作。深山之中寂静无人，水流花开，琴声也是清幽之至。

抱影寒窗，霜夜不寐，徘徊松竹下。四山月白，露坠冰柯，相与咏李白《静夜思》，便觉冷然寒风，就寝。复坐蒲团，从松端看月，煮茗佐谈，竟此夜乐。

【译文】

寒窗之下对月独坐，霜夜不能入睡，在松竹之下徘徊。

四周群山洒落了皎洁的月光，一起吟咏了李白的《静夜思》诗，觉得寒风萧萧，于是就寝。睡不着又起来，在蒲团上坐定，从松梢之上观看月亮，煮茶以助谈兴，终此良夜之乐。

　　四林皆雪，登眺时见。絮起风中^①，千峰堆玉；鸦翻城角，万壑铺银。无树飘花，片片绘子瞻之壁^②；不妆散粉，点点糁原宪之羹^③。飞霰入林，回风折竹，徘徊凝览，以发奇思。画冒雪出云之势，呼松醪茗饮之景，拥炉煨芋，欣然一饱，随作雪景一幅，以寄僧赏。

【注释】

①絮起风中：《世说新语·言语》载："谢太傅寒雪日内集，与儿女讲论文义，俄而雪骤，公欣然曰：'白雪纷纷何所似？'兄子胡儿曰：'撒盐空中差可拟。'兄女曰：'未若柳絮因风起。'"

②子瞻之壁：子瞻是苏轼的字，在他的《念奴娇·赤壁怀古》一词中有"乱石穿空，惊涛拍岸，卷起千堆雪"之句。

③原宪之羹：原宪，孔子的弟子，安贫乐道，甘于淡泊。

【译文】

　　四周的树林都是积雪，登高远眺时时可见。风吹起了柳絮般的雪花，峰峦上都堆积着白玉般的积雪；乌鸦在城角翻飞，无数山谷都铺开银装。没有树却飘下花，片片都是苏轼在《赤壁怀古》词中所讲的"卷起千堆雪"的景象；

不化妆却有散落的粉，点点飞散的都是那甘于淡泊的孔门弟子原宪的藜霍之羹。雪珠飞舞入林，回旋的风摧折了竹子，徘徊凝眸观赏，来引发奇妙的思绪。描画出雪飘云出之情势，还有仆人拿来松花酒及喝茶的景致，靠着炉火烧烤山芋，愉快地吃饱，然后画一幅雪景图，以寄给高僧欣赏。

孤帆落照中，见青山映带，征鸿回渚，争栖竞啄，宿水鸣云，声凄夜月，秋飙萧瑟，听之黯然，遂使一夜西风，寒生露白。

【译文】

一片孤帆沐浴在斜阳的余晖之中，绿水青山两相映带。远飞的大雁回到水中小洲之上，争相寻找栖息处和食物，有的在水中宿下，有的在云中高飞，叫声在夜月里很是凄凉，秋风萧瑟，听到了令人心情悲伤低落，于是一夜西风，寒气生成，露珠莹白。

春雨初霁，园林如洗，开扉闲望，见绿畴麦浪层层，与湖头烟水相映带，一派苍翠之色，或从树杪流来，或自溪边吐出。支筇散步，觉数十年尘土肺肠，俱为洗净。

【译文】

春雨下过天刚刚放晴，园林就像洗过一般，打开门四处闲看，但见碧绿的田间麦浪层层涌起，与湖边的烟水之气相互映衬，一派苍翠的颜色，或者从碧绿的树梢流下，或者从溪边的杂草中吐出。扶着手杖散步，觉得几十年尘土浸染着的肠肺，都被清洗干净了。

　　四月有新笋、新茶、新寒豆、新含桃，绿阴一片，黄鸟数声，乍晴乍雨，不暖不寒，坐间非雅非俗，半醉半醒，尔时如从鹤背飞下耳。

【译文】
　　四月里有新生的笋、新焙的菜、新鲜的豌豆、新鲜的樱桃，绿树成荫，黄鸟时或鸣叫几声，时晴时雨，不暖不寒，在座的宾客不雅不俗，半醉半醒，这时候就如同刚刚骑鹤从仙境飞下来一样。

　　夕阳林际，蕉叶堕而鹿眠；点雪炉头，茶烟飘而鹤避。

【译文】
　　夕阳挂在林边，芭蕉叶子落下覆盖着酣睡的鹿；炉子上煮水烹茶，茶烟飘动，仙鹤因此而远远避开。

　　山经秋而转淡，秋入山而倍清。

【译文】
　　山色经秋天而颜色变淡，秋天入山而觉得分外清净。

山居有四法：树无行次，石无位置，屋无宏肆，心无机事。

【译文】

山中居住有四个法则：树木不按次序排列，石头没有固定的位置，房屋不要高大张扬，心中没有世俗的机心。

花有喜、怒、寤、寐、晓、夕，浴花者得其候，乃为膏雨。淡云薄日，夕阳佳月，花之晓也；狂号连雨，烈焰浓寒，花之夕也；檀唇烘日，媚体藏风，花之喜也；晕酣神敛，烟色迷离，花之愁也；欹枝困槛，如不胜风，花之梦也；嫣然流盼，光华溢目，花之醒也[①]。

【注释】

①这段文字摘自明袁宏道《瓶史》，此处主要讲"沐"花。

【译文】

花有喜、怒、寤、寐、晓、夕不同的时候，浇花的人选择合适的时机，就能成为滋润作物的霖雨。云朵淡淡太阳不灼热，夕阳西下月色美好，正是花的清晨；狂风大作连日阴雨，太阳炎热或天气酷寒，就是花的傍晚；花朵如红唇烘托着日色，娇媚的身段似乎蕴藏着微风，这是花的喜悦；花晕浓重神采收敛，烟色朦胧，是花的愁郁；斜伸的花枝被困在围栏里，弱不禁风，是花的梦中；如少女般嫣然而笑，目光流转顾盼，光华满目，是花的醒来。

海山微茫而隐见，江山严厉而峭卓，溪山窈窕而幽深，塞山童赪而堆阜^①，桂林之山绵衍庞博，江南之山峻峭巧丽。山之形色，不同如此。

【注释】

① 童：无草木。

【译文】

海中的山峦缥缈时隐时现，大江两岸的山险峻而陡直，溪流两侧的山深远而幽静，边塞的山光秃秃的，是堆起来的红色丘陵，桂林的山绵延而广大，江南的山峻峭精巧美不胜收。山的形状颜色，如此不同。

与衲子辈坐林石上，谈因果，说公案。久之，松际月来，振衣而起，踏树影而归，此日便非虚度。

【译文】

与僧人们坐在林中的石头上，谈论因果报应，说着禅宗公案。时间长了，松林边上月亮升起来，抖抖衣服起身，踏着月下的树影归去，这一天便是不曾虚度了。

结庐人境，植杖山阿，林壑地之所丰，烟霞性之所适，荫丹桂，藉白茅，浊酒一杯，清琴数弄，诚足乐也。

【译文】

在人间建造房子居住，在山的曲折处拄杖而行，此地多森林和山谷，烟霞是性情所适宜的，在丹桂树阴下，坐在白茅上，饮一杯浊酒，弹几曲清雅的琴曲，确实足够快乐了。

辋水沦涟，与月上下；寒山远火，明灭林外，深巷小犬，吠声如豹。村虚夜舂，复与疏钟相间，此时独坐，童仆静默。

【译文】

辋川之水波纹动荡，月光洒下随波起伏；寒山中远远看见灯火，在树林之外时明时暗，深巷之中的小犬，叫声洪亮如豹。村里空落，夜间传来舂米声，与稀疏的钟声相间，此时独自静坐，童仆也都安静沉默。

云收便悠然共游，雨滴便泠然俱清；鸟啼便欣然有会，花落便洒然有得。

【译文】

云收天晴便悠然一起出游，雨落下来便觉得一切都寒凉而清爽；听到鸟鸣就欣然有所领会，见到花落便潇洒而有所得。

青山非僧不致，绿水无舟更幽；朱门有客方尊，缁衣绝粮益韵。

【译文】

青山若无僧人便无韵致，绿水要是没有行舟就更显幽静；富贵之家要有门客方显得尊贵，僧人不食人间烟火才会更有风度。

杏花疏雨，杨柳轻风，兴到欣然独往；村落烟横，沙滩月印，歌残倏尔言旋。

【译文】

杏花在稀疏的雨中开放，杨柳在轻柔的风中摇曳，兴致起来，便愉快地独自前行，去探寻春天的美景；村落里炊烟升起，月色照在沙滩之上，歌曲唱罢马上返回。

赏花酌酒，酒浮园菊方三盏；睡醒问月，月到庭梧第二枝。此时此兴，亦复不浅。

【译文】

赏花饮酒，三盏酒中浮动着菊花花瓣；睡醒之后问是几时，月亮正在院中梧桐的第二枝上。此刻的兴致，也是不浅。

几点飞鸦，归来绿树；一行征雁，界破青天。

【译文】

几只飞鸦，归来落在绿树上；一行远飞的大雁，划破蓝色的天空。

看山雨后，雾色一新，便觉青山倍秀；玩月江中，波光千顷，顿令明月增辉。

【译文】

雨后看山，晴光下焕然一新，觉得青山加倍秀丽；在江中舟上赏月，波光无垠，顿时令明月也增加了光辉。

楼台落日，山川出云。

【译文】

夕阳从楼台上落下，云朵从山川之中涌出。

玉树之长廊半阴，金陵之倒景犹赤。

【译文】

傍晚玉树遮得长廊半明半暗，金陵城的倒影被映在水中的晚霞染成红色。

小窗偃卧，月影到床，或逗留于梧桐，或摇乱于杨柳；翠华扑被，神骨俱仙。

【译文】

于小窗之下睡卧，月影照到床上，有时逗留于梧桐之上，有时摇动在杨柳树间；苍翠的树影仿佛在月下流向被子，令人身心都觉得飘飘若仙。

绘雪者，不能绘其清；绘月者，不能绘其明；绘花者，不能绘其香；绘风者，不能绘其声；绘人者，不能绘其情。

【译文】

画雪的人，不能画出雪的清气；画月的人，不能画出月的明亮；画花的人，不能画出花的香气；画风的人，不能画出风的声音；画人的人，不能画出人的情感。

读书宜楼，其快有五：无剥啄之惊，一快也；可远眺，二快也；无湿气浸床，三快也；木末竹颠，与鸟交语，四快也；云霞宿高檐，五快也。

【译文】

读书宜在楼上，其中的快乐有五种：没有来访者敲门的声音，是第一快乐事；可以眺望远方，是第二快乐事；没有湿气侵袭床铺，是第三快乐事；在高楼上靠近树木的树梢和竹子的顶端，可以与鸟儿交谈，是第四快乐事；云霞仿佛停留在高高的屋檐下，是第五快乐事。

山径幽深，十里长松引路，不倩金张^①；俗态纠缠，一编残卷疗人，何须卢扁？

【注释】

①金张：汉代显宦金日磾、张安世。二人均是汉宣帝时的重臣显贵。后因用为显宦的代称。

【译文】

山路幽深，一连十里都种植着高大的松树，可以指引道路，不必借助金氏张氏那样的贵族之力；被尘世的种种世俗之态纠缠着，一卷残书便可以疗愈人，何必非要麻烦扁鹊那样的名医呢？

篱边杖履送僧，花须列于巾角；石上壶觞坐客，松子落我衣裾。

【译文】

篱笆旁边，挂着杖、穿着草鞋来送别僧客，花须沾在头巾的角上；坐在石头上，以茶酒待客，松子落在我的衣衫上。

远山宜秋，近山宜春，高山宜雪，平山宜月。

【译文】

看远山适宜在秋天，看近山适宜在春天，看高山适宜有雪，入平山适宜在月下。

珠帘蔽月，翻窥窈窕之花；绮幔藏云，恐碍扶疏之柳。

珠帘遮着月光，反而使得院中的花朵更加美好多姿；绮丽的帷幔遮住了云彩，怕它妨碍着枝叶纷繁的柳树摇曳。

玩飞花之度窗，看春风之入柳；命丽人于玉席，陈宝器于纨罗①。

【注释】

①"玩飞花"一段：本段是南朝梁简文帝萧纲《筝赋》中写美女弹筝时的场景。

【译文】

赏玩落花飘飞穿越窗户，观看春风吹入柳丛；命美人坐在如玉般洁净的席上，罗列各种宝器在绫罗之上。

忽翔飞而暂隐，时凌空而更扬。竹依窗而弄影，兰因风而送香①。

【注释】

①本段摘自南朝梁萧和《萤火赋》，是写萤火虫时飞时停的状态。

【译文】

忽而飞翔，时而隐藏，时而凌空飞得更高。竹子依窗卖弄清影，兰花借风吹送清香。

卷七　韵

这一卷题为"韵"，也即韵味、韵致、气韵，讲的是人生中的"韵事"与"韵意"。

诚如开卷所言"人生斯世，不能读尽天下秘书灵笈。有目而昧，有口而哑，有耳而聋，而面上三斗俗尘，何时扫去？则韵之一字，其世人对症之药乎？"在这茫茫人海，冗冗人世，俗尘满面的时候，能够润泽人生的，恐怕也只有"韵"了。

怎样才算"韵"？如何能领略"韵"，甚至成为一个韵人呢？

本篇从多方面作了点醒，有时从正面入手，精致传神地描画那些富有韵味的时刻，提点人们如何领略生活中的韵味，看懂风景中的韵致。如"万绿阴中，小亭避暑；八阆洞开，几簟皆绿。雨过蝉声来，花气令人醉"，不但有盛夏的葱郁、清风的凉爽、雨后的蝉声和花香这样的韵景，更为重要的是，不着意间点出了如何欣赏人生中这样丰美的时刻：在门窗洞开的山中小筑静坐，坐在绿几旁绿竹席之上，静听、默观，雨后清风徐来，树叶上的雨滴落在山石上，花香浸润，满目葱绿，满心欢喜。也许你我并不能时时有这样的时刻，可是在车水马龙、明枪暗箭中，也许还是偶尔有那么一刻走神，身不能至，心向往之。

再匆忙，也不妨抽出一段时间，不问人世，只问内心，不听流言纷纭，只听自然天籁，体会"一鸟衔幽梦远，只在数尺窗纱；蛩递秋声悄，无言一龛灯火"的时刻，观照自己的本心。

有时，从反面入手，点出那些不"韵"，比如"多方分别，是非之窦易开；一味圆融，人我之见不立"，过于明察秋毫，反而容易陷入是非的矛盾之中，但是一味只是附和别人，却又毫无主见。孔子所说"君子和而不同"，大约是执中之道。

生平愿无恙者四：一曰青山，一曰故人，一曰藏书，一曰名草。青山、故人、藏书、名草无恙，人的精神便不会寂寥无托，有这种愿望的人，便是韵人，心中自有韵味。

　　人生斯世，不能读尽天下秘书灵笈。有目而昧，有口而哑，有耳而聋，而面上三斗俗尘，何时扫去？则韵之一字，其世人对症之药乎？虽然，今世且有焚香啜茗，清凉在口，尘俗在心，俨然自附于韵，亦何异三家村老妪^①，动口念阿弥，便云升天成佛也？集韵第七。

【注释】

①三家村：泛指人烟稀少、偏僻的小村庄。

【译文】

　　人生在世，读不完天下的奇书珍籍。有眼睛而看不清，有口而不能说，有耳却听不到，而脸上的三斗俗气灰尘，何时可以扫去？那么"韵"这个字，是世人的对症之药吗？虽然如此，这一生且有那种燃香品茶，口中清凉，但心中仍然鄙俗的人，装模作样附庸风雅，何异于那小地方的老妪，只是开口念念阿弥陀佛，便说自己可以升天成佛？集韵第七。

　　清斋幽闭，时时暮雨打梨花；冷句忽来，字字秋风吹木叶。

【译文】

　　清幽的斋房紧紧关闭，不时有暮雨落在梨花上；幽冷的诗句忽然涌上心头，字字都似秋风吹着树叶。

　　多方分别，是非之窦易开；一味圆融，人我之见不立。

【译文】

如果千方百计分辨是非，就容易开是非的端倪；如果一味只求圆通，却又搞得别人和自我没有分别。

春云宜山，夏云宜树，秋云宜水，冬云宜野。

【译文】

春天的云与山景最为相配，夏天的云最宜与蓊郁的树林相合，秋天的云最适宜与水相映，冬天的云最适宜与旷野互相衬托。

清疏畅快，月色最称风光；潇洒风流，花情何如柳态？

【译文】

要论清爽疏朗畅快，最美的要数月色；要说潇洒风流，花朵的情态如何比得上柳树的风姿？

春夜小窗兀坐，月上木兰；有骨凌冰，怀人如玉。因想"雪满山中高士卧，月明林下美人来"语①，此际光景颇似。

【注释】

① "雪满……美人来"：诗句出自明代高启的《梅花九

首》之一。山中高士卧，用东汉袁安典。袁安有节操，洛阳大雪，人多出门乞食，只有他高卧家中。月明林下美人来，讲隋代赵师雄事。赵迁罗浮时，路上在松林间栖息，见一美女淡妆素服出迎，芳香袭人，又在酒肆与之欢饮，酒后醉寝，天明醒来时则发现自己在梅花树下。

【译文】

春夜之中在小窗前独坐，看月亮升起在木兰梢头；木兰气骨冰清玉洁，仿佛是想念中那玉一般的人。就此想起"雪满山中高士卧，月明林下美人来"的话，与此刻的情景颇为相似。

香令人幽，酒令人远，茶令人爽，琴令人寂，棋令人闲，剑令人侠，杖令人轻，麈令人雅，月令人清，竹令人冷，花令人韵，石令人隽，雪令人旷，僧令人淡，蒲团令人野，美人令人怜，山水令人奇，书史令人博，金石鼎彝令人古。

【译文】

香令人感到清幽，酒令人感到悠远，茶令人感到清爽，琴令人感到寂静，棋令人感到悠闲，剑令人感到侠气，杖令人感到轻松，麈尾令人感到雅致，月令人感到清朗，竹令人感到冷清，花令人感到有韵致，石令人感到俊秀，雪令人感到旷远，僧令人感到淡泊，蒲团令人感到天真纯朴，美人令人怜惜，山水令人称奇，书史令人广博，金石鼎彝等古董令人感到古朴。

　　吾斋之中，不尚虚礼。凡入此斋，均为知己；随分款留，忘形笑语；不言是非，不侈荣利；闲谈古今，静玩山水；清茶好酒，以适幽趣。臭味之交，如斯而已。

【译文】
　　在我的书斋中，不讲究虚伪的礼节。凡是进入此斋的，都是知己；要来要去都随意，欢声笑语中忘掉形骸；不说是非，不奢求荣华名利；闲谈古今之事，静静赏玩山水风景；清茶和好酒，用来契合幽雅的意趣。志趣相投的朋友，正是如此。

　　窗宜竹雨声，亭宜松风声，几宜洗砚声，榻宜翻书声，月宜琴声，雪宜茶声，春宜筝声，秋宜笛声，夜宜砧声。

【译文】
　　窗下宜听雨打竹林声，亭中宜听风吹松涛声，几案之上宜有洗砚台的声音，坐榻之上宜有翻书声，月下宜听琴声，雪时宜有煮茶声，春天宜听筝声，秋天宜听笛声，夜里宜听捣衣之声。

　　云林性嗜茶，在惠山中，用核桃、松子肉和白糖成小块如石子，置茶中，出以啖客，名曰清泉白石。

【译文】

元代画家倪云林酷爱喝茶，在无锡惠山中，把核桃、松子肉和白糖等压成像石子那样的小块，放在茶中，端出来给客人喝，称之为"清泉白石"。

填不满贪海，攻不破疑城。

【译文】

贪婪的海是填不满的，打不破的是怀疑之城。

机息便有月到风来，不必苦海人世；心远自无车尘马迹，何须痼疾丘山？

【译文】

机巧功利之心消除了，便自然看得到月明风清的好风景，不必视人世为苦海；心情超逸，门前便自然没有人们竞相奔走的车马痕迹，何必一定要留恋在山水之间？

情因年少，酒因境多。

【译文】

多情是因为年少，而醉酒是因为心境复杂。

看书筑得村楼，空山曲抱；趺坐扫来花径，乱水斜穿。

【译文】

为了看书在村中所造的一座小楼，就在空山曲折环抱之中；在打扫好的花径上盘坐，纵横的溪水斜斜穿过。

倦时呼鹤舞，醉后倩僧扶。

【译文】

疲倦时就呼来仙鹤起舞，酒醉之后要请僧人搀扶。

鸟衔幽梦远，只在数尺窗纱；蛩递秋声悄，无言一龛灯火。

【译文】

鸟儿衔着我的幽梦飞远，梦境只在数尺窗纱之间；蟋蟀的叫声悄悄传递着秋天的消息，无言独坐，只有一龛灯火默默亮着。

万绿阴中，小亭避暑；八囱洞开，几簟皆绿。雨过蝉声来，花气令人醉。

【译文】

万株绿树丛中，有一小亭可以避暑；亭中八面门都打开，几案和竹席似乎被染成了绿色。雨后蝉声纷纷响起，花气袭来令人沉醉。

诗题半作逃禅偈，酒价都为买药钱^①。

【注释】

①"诗题"二句：本句摘自明代王稚登《答袁相公问病》诗。诗共两首，其一写道："形骸土木佛灯前，黄阁情深有梦牵。喘似吴牛初见月，瘦如辽鹤不冲天。诗题半作逃禅偈，酒价都为买药钱。知己未酬徒骨立，一生孤负佩龙泉。"

【译文】

作诗的题目多半是遁世逃禅的偈子，买酒的钱如今都用来买药了。

扫石月盈帚，滤泉花满筛。

【译文】

打扫石径，月光似乎盈满扫帚，过滤泉水的筛子里滤满的都是落花。

与梅同瘦，与竹同清，与柳同眠，与桃李同笑，居然花里神仙；与莺同声，与燕同语，与鹤同唳，与鹦鹉同言，如此话中知己。

人与梅花一样清瘦，同竹子一样清雅，与柳树同眠，与桃李同笑，俨然是花国中的神仙；与黄莺同唱，与燕子共语，与仙鹤一起鸣叫，与鹦鹉一同说话，如此才算是谈话中的知己。

登山遇厉瘴，放艇遇腥风，抹竹遇缪丝，修花遇醒雾，欢场遇害马，吟席遇伧夫，若斯不遇，甚于泥涂。偶集逢好花，踏歌逢明月，席地逢软草，攀磴逢疏藤，展卷逢静云，战茗逢新雨，如此相逢，逾于知己。

登山遇到瘴疠之气，乘船遇到狂风，抹竹遇到缠绕的蛛丝，修剪花木遇到浓雾，欢乐场上遇到害群之马，吟诵席上遇到凡夫俗子，像这样的不幸运，简直比泥泞的路途更糟糕。偶尔聚会遇到好花盛开，放声歌唱时正巧有明朗的月，坐在地上正好有软软的草，攀登山峰恰好有稀疏的藤条，打开书正好遇到云静风止，要斗茶正好遇到新雨刚过，如此的相逢，喜悦要超过与知己的相逢。

草色遍溪桥，醉得蜻蜓春翅软；花风通驿路，迷来蝴蝶晓魂香。

青草已经绿遍了溪畔桥头，美景把蜻蜓醉得连翅膀也软了；驿路上花香随风飘散，把蝴蝶迷住了，连魂魄都是香的。

田舍儿强作馨语①，博得俗因；风月场插入伧父，便成恶趣。

【注释】

①田舍儿强作馨语：《世说新语·文学》记载东晋殷浩与当时名士刘惔清谈，强词夺理，所以他走后，刘惔嘲讽说："田舍儿强学人作尔馨语。"

【译文】

乡巴佬勉强学着清谈，只能得到一团俗气；风月场上插进来粗俗之客，顿时就成了趣味低俗。

梅花入夜影萧疏，顿令月瘦；柳絮当空晴恍忽，偏惹风狂。

【译文】

梅花入夜之后树影萧疏，顿时令月亮也显得清瘦；柳絮飘飞，令晴空有些迷离，恰又惹得狂风吹起。

花阴流影，散为半院舞衣；水响飞音，听来一溪歌板。

【译文】

花影在风中摇曳，散布于半个庭院，看起来如同飘飞的舞衣；溪水奔流激起声响，听起来就如一溪中都是拍板之声。

萍花香里风清，几度渔歌；杨柳影中月冷，数声牛笛。

【译文】

清风吹送着萍花的香气，渔歌几度唱响；杨柳的树影中月色清冷，响起几声牧童的笛音。

谢将缥缈无归处，断浦沉云；行到纷纭不系时，空山挂雨。

【译文】

辞别亲朋，缥缈没有可归之处，只见到水断云沉；行到不再牵系杂乱之事时，就如空山之中挂着雨滴。

浑如花醉，潦倒何妨？绝胜柳狂，风流自赏。

【译文】

浑然如花间醉倒，潦倒穷困又有什么要紧？胜过狂放的垂柳，风流潇洒，自我欣赏。

雨打梨花深闭门，怎生消遣？分忖梅花自主张，着甚牢骚？

【译文】

当雨点敲打着娇嫩的梨花之时，院门深闭，这样的时光如何度过？一任梅花自开自落，还能有什么牢骚呢？

对酒当歌，四座好风随月到；脱巾露顶，一楼新雨带云来。

【译文】

对酒而歌，好风随着月光一同来到座位前；脱去头巾露出头顶，新雨带着云朵飘洒笼罩了小楼。

浣花溪内，洗十年游子衣尘；修竹林中，定四海良朋交籍。

【译文】

浣花溪内，洗去十年游子衣上的风尘；高高的竹林中，编订四海良朋交往的名册。

人语亦语，诋其昧于钳口；人默亦默，訾其短于雌黄。

【译文】

人云亦云，便会被诋毁不懂得闭口不言；人家沉默自己也跟着沉默，又被人批评为不善于评论鉴别。

艳阳天气，是花皆堪酿酒；绿阴深处，凡叶尽可题诗。

【译文】

艳阳天气，所有的花都可以用来酿酒；绿阴深处，凡是叶子都可以用来题诗。

茶中着料，碗中着果，譬如玉貌加脂，蛾眉着黛，翻累本色。

【译文】

茶中放佐料，茶碗中放水果，就如皎洁的容颜非要再涂脂粉，美丽的蛾眉非要再用黛石来染画，反而有伤于自然本色。

楼前桐叶，散为一院清阴；枕上鸟声，唤起半窗红日。

【译文】

楼前的梧桐叶子，散落了一院的清凉树阴；枕上的鸟声，唤起了朝阳，霞光映红了半个窗子。

天然文锦，浪吹花港之鱼；自在笙簧，风戛园林之竹。

【译文】

浪花吹起，花港中的鱼儿也随波而动，似乎一段天然织就的华美锦缎；风敲打着园林中的竹子，似乎是一曲天然的笙簧合奏。

松涧边携杖独往，立处云生破衲；竹窗下枕书高卧，觉时月浸寒毡。

【译文】

拄杖独自去松下涧畔游赏，站立处云朵触衣，仿佛云是从破旧的衲衣中升起；竹窗之下枕书高卧，醒来觉得月色浸透了寒毡。

散履闲行，野鸟忘机时作伴；披襟兀坐，白云无语漫相留。

【译文】

放开脚步闲走，野鸟忘掉机心，时时前来做伴；披衣独坐，白云默默不语漫然相留。

客到茶烟起竹下，何嫌屐破苍苔①？诗成笔影弄花间，且喜歌飞《白雪》。

【注释】

①屐破苍苔：宋叶绍翁《游园不值》诗有句曰："应怜

展齿印苍苔，小扣柴扉久不开。"

【译文】

客人到来，煮茶的炊烟自竹林下升起，何必怕展齿踩破苍苔？在花间龙飞凤舞写成诗句，且喜歌声飞扬，奏的是《白雪》之雅歌。

月有意而入窗，云无心而出岫。

【译文】

月光似乎有意洒入窗内，云朵看似无心自山间飘出。

怪石为实友，名琴为和友，好书为益友，奇画为观友，法帖为范友，良砚为砺友，宝镜为明友，净几为方友，古磁为虚友，旧炉为熏友，纸帐为素友，拂麈为静友。

【译文】

怪石是朴实的朋友，名琴是和谐的朋友，好书是有益的朋友，奇画是观赏的朋友，字帖是可模仿的朋友，良砚是可以砥砺的朋友，宝镜是睿智的朋友，净几是方正的朋友，古瓷是清虚的朋友，旧香炉是熏香的朋友，纸帐是素雅的朋友，拂尘是安详的朋友。

扫径迎清风，登台邀明月，琴觞之余，间以歌咏，止许鸟语花香，来吾几榻耳。

【译文】

打扫小路迎接清风，登上高台邀请明月，弹琴喝酒之余，间杂以歌唱吟咏，只许鸟语花香，到我的几榻之间。

风波尘俗，不到意中；云水淡情，常来想外。

【译文】

人世的风波尘世的俗事，都进不到我的心中；白云流水，淡泊之情，常常和我出尘的心思相伴。

纸帐梅花，休惊他三春清梦；笔床茶灶，可了我半日浮生。

【译文】

梅花纸帐中，不要惊动他三春的清雅之梦；笔架和茶灶上，可以消磨掉我的半日浮生。

酒浇清苦月，诗慰寂寥花。

【译文】

以酒相酌清苦的明月，以诗抚慰寂寥的花朵。

好梦乍回，沉心未烬，风雨如晦，竹响入床，此时兴复不浅。

好梦之中猛然醒来，梦境还没有完全忘记，风雨要起天色昏暗，竹林的响声传到床前，此时兴致不浅。

山非高峻不佳，不远城市不佳，不近林木不佳，无流泉不佳，无寺观不佳，无云雾不佳，无樵牧不佳。

【译文】

山如果不高峻就不好，离城市太近也不好，远离林木也不好，没有流动的泉水也不好，没有寺庙道观也不好，没有云雾也不好，没有樵夫牧童也不好。

一室十圭①，寒蛩声暗，折脚铛边，敲石无火。水月在轩，灯魂未灭，揽衣独坐，如游皇古。意思虚闲，世界清净，我身我心，了不可取。此一境界，名最第一。

【注释】

①圭（guī）：古代容量单位（一升的十万分之一）。

这段话摘自明代张大复《梅花草堂笔谈·三境》。

这段话中谈到的境界为"禅喜"之境。

【译文】

一间小屋只有十圭大小，深秋的蟋蟀叫声喑哑，茶铛边折了脚，敲击火石却生不起火。明净如水的月光照着小轩，熄灯后，灯花依然闪烁，披衣独坐，似乎神游于上古的世界。思想清虚闲适，世界清净，我的身心都无所求亦无所取。这种境界是最高的境界。

观山水亦如读书，随其见趣高下。

【译文】

观赏山水也如读书一样，随着各人的见识和趣味而分出高下。

深山高居，炉香不可缺，取老松柏之根、枝、实、叶共捣治之，研枫肪𪊨和之，每焚一丸，亦足助清苦。

【译文】

在深山之中安居，炉香是不可少的，取老松柏的根、枝、果实和叶子一起捣碎整治，研磨枫脂加进去做成炉香，每烧一粒，足够助人清苦之气。

松声、涧声、山禽声、夜虫声、鹤声、琴声、棋子落声、雨滴阶声、雪洒窗声、煎茶声，皆声之至清，而读书声为最。

【译文】

松涛声、涧水声、山鸟声、夜虫声、鹤鸣声、琴声、棋子落下的声音、雨滴敲击台阶的声音、雪洒在窗外的声音、煎茶的声音，都是至为清雅之声，但以读书之声为最好。

何必丝与竹？山水有清音。

【译文】

何必弹奏丝竹乐器？山水自然有清越的声音。

世路中人，或图功名，或治生产，尽自正经，争奈大地间好风月、好山水、好书籍，了不相涉，岂非枉却一生！

【译文】

尘世中人，或者贪图功名，或者忙于生计，都自然是正经的事，但奈何与大地间好风月、好山水及好书籍都不相关，这一生岂不是虚度！

李岩老好睡①，众人食罢下棋，岩老辄就枕，阅数局乃一展转，云："我始一局，君几局矣？"

【注释】

①李岩老：宋苏轼在《东坡志林·题李岩老》中说李岩老睡觉，就似摆开了一只四脚棋盘，而这盘棋是不在乎输赢的。

【译文】

李岩老喜欢睡觉，众人饭后下棋，他就去睡觉，棋过几局，他才翻一下身，说："我才睡了一局，你们下了几局了？"

晚登秀江亭①，澄波古木，使人得意于尘埃之外，盖人闲景幽，两相奇绝耳。

【注释】

①秀江亭：黄庭坚于宋徽宗崇宁元年（1102）前来江西新余探访他的朋友吴仁，看到风景如此秀美，故有如上感受，写了《秀江亭》一诗："因循不到此江头，匹马黄埃三十秋。旧舍只今人共老，清波常与月分流。羡君潇洒成佳趣，感我凄凉念旧游。沽酒买鱼终不负，何时相与泛扁舟？"秀江亭位于江西新余虎瞰山上，为风景名胜。

【译文】

傍晚登临秀江亭，水波澄澈，古木森森，使人于尘世之外有会心之趣，大约是因为人有闲心，景也幽静，两者都奇妙非常吧。

笔砚精良，人生一乐，徒设只觉村妆；琴瑟在御，莫不静好，才陈便得天趣。

【译文】

笔与砚都很精致优良，是人生一乐，但若只是作为摆设，也便如村女浓妆一般；弹琴奏瑟，一切都安静美好，乐器刚一摆出来便令人感到天然之趣。

春夜宜苦吟，宜焚香读书，宜与老僧说法，以销艳思；夏夜宜闲谈，宜临水枯坐，宜听松声冷韵，以涤烦襟；秋夜宜豪游，宜访快士，宜谈兵说剑，以除萧瑟；冬夜宜茗战，宜酌酒说《三国》《水浒》《金瓶梅》诸集，宜箸竹肉，以破孤岑。

【译文】
春天的夜晚，适宜苦苦吟读，适宜焚香读书，也适宜与老僧谈论佛法，以消除内心绮艳的情思；夏天的夜晚，适宜闲谈，适宜临水静坐，适宜倾听松涛清雅之韵，可以借此涤除内心的烦恼；秋天的夜晚，适宜纵情遨游，适宜寻访豪爽之士，适宜谈论兵法、剑术，以破除萧瑟之感；冬天的夜晚适宜斗茶，适宜边饮酒边听人说《三国》《水浒》《金瓶梅》等书，适宜吃竹菌，用以打破内心的孤寂。

山以虚而受，水以实而流，读书当作如是观。

【译文】
山因为空旷清虚而可以容纳，水因为充实才流淌，读书也应该如此虚实相兼。

古之君子，行无友，则友松竹；居无友，则友云山。余无友，则友古之友松竹、友云山者。

【译文】

古代的君子，如果出行没有朋友，就以松竹为友；居家没有朋友，就以云山为友。我没有朋友，就以古代那些以松竹、云山为友的君子为友。

买舟载书，作无名钓徒。每当草蓑月冷，铁笛霜清，觉张志和、陆天随去人未远①。

【注释】

①张志和：唐代诗人，自称"烟波钓徒"。陆天随：即陆龟蒙，唐代诗人，自号江湖散人，又号天随子。

【译文】

雇船装书，作一隐姓埋名的垂钓之人。每当草木凋零、月色清冷之时，铁笛吹起，霜花清冷，觉得唐代张志和、陆龟蒙等隐逸之高贤离人不远。

"今日鬓丝禅榻畔，茶烟轻飏落花风①。"此趣惟白香山得之。

【注释】

①"今日"两句：出自杜牧诗《题禅院》。全诗为："觥船一棹百分空，十岁青春不负公。今日鬓丝禅榻

畔，茶烟轻飏落花风。"

【译文】

"今日苍苍鬓发垂落在禅床边，茶烟轻轻飞扬在落花季节的风中。"这种情趣只有香山居士白居易能真正体会。

清姿如卧云餐雪，天地尽愧其尘污；雅致如蕴玉含珠，日月转嫌其泄露。

【译文】

清逸的风姿如同睡卧在云朵上、以雪为餐，令天地都自愧污浊；雅兴逸致就如藏在石中的美玉、沉在水底的宝珠，令日月都觉得自己不够蕴藉含蓄。

焚香啜茗，自是吴中习气，雨窗却不可少。

【译文】

焚香品茶，自然是吴中的风气，但细雨敲窗的清逸却不可以少。

茶取色臭俱佳，行家偏嫌味苦；香须冲淡为雅，幽人最忌烟浓。

【译文】

茶要选取颜色和味道都好的，行家却偏偏嫌它味道苦；香要以冲淡平和为雅，幽居之人最避忌浓烟。

朱明之候^①，绿阴满林，科头散发，箕踞白眼，坐长松下，萧骚流觞，正是宜人疏散之场。

【注释】

①朱明：夏天。《尔雅·释天》："夏为朱明。"

【译文】

夏季，林中满是绿阴，不戴头巾或帽子，披散开头发，随意分开腿坐着，不理世事，坐在高高的松树下，萧萧风起，曲水流觞，正是适宜闲散放松的场所。

读书夜坐，钟声远闻，梵响相和，从林端来，洒洒窗几上，化作天籁虚无矣。

【译文】

夜间静坐读书，听到远处传来的钟声，与诵经之声相和，从林边传来，洒落在窗几之上，化作天籁之声，归于虚无。

夏日蝉声太烦，则弄箫随其韵转；秋冬夜声寥飒，则操琴一曲咻之^①。

【注释】

①咻（xiū）：吵，乱说话。

【译文】

夏天的蝉声太令人厌烦时，就吹箫，让箫声随着蝉声的节奏转折；秋冬的夜晚风声寂寥，就弹一琴曲来热闹热闹。

语鸟名花，供四时之啸咏；清泉白石，成一世之幽怀。

【译文】

会说话的鸟和名贵的花，可供四季啸傲吟咏；清澈的泉水和山中的白石，成就一生的清幽心怀。

权轻势去，何妨张雀罗于门前①；位高金多，自当效蛇行于郊外②。盖炎凉世态，本是常情，故人所浩叹，惟宜付之冷笑耳。

【注释】

①张雀罗于门前：据《史记·汲黯传》载，汉朝翟公官居廷尉时宾客盈门，失官后门前冷落，可张网捕雀。

②蛇行于郊外：《战国策·秦策》载，苏秦富贵回家后，"妻侧目而视，侧耳而听；嫂蛇行匍匐，四拜自跪而谢"。

【译文】

权力小了，势力没了，冷清得门可罗雀；位置高了，财富多了，自然有人会像苏秦的嫂子恭迎苏秦那样卑躬屈膝。世态炎凉，本是人之常情，所以人们的浩然长叹，其实只需应付以冷笑罢了。

或夕阳篱落，或明月帘栊，或雨夜联榻，或竹下传觞，或青山当户，或白云可庭，于斯时也，把臂促膝，相知几人，谑语雄谈，快心千古。

【译文】

或夕照洒在篱落上，或明月映照着帘栊，或雨夜连床而谈，或竹下传杯饮酒，或青山当门，或白云满院，此时此刻，握持手臂，促膝而谈，二三知己，笑谈阔论，真是千古快心之事。

疏帘清簟，销白昼惟有棋声；幽径柴门，印苍苔只容屐齿。

【译文】

稀疏的帘子，清凉的竹席，消磨白天的惟有下棋之声；幽深的小路，简朴的柴门，印在苍苔上的只有木屐的印痕。

落花慵扫，留衬苍苔；村酿新篘①，取烧红叶。

【注释】

①篘（chōu）：指酒。

【译文】

懒得打扫落花，留着它点缀苍苔；家酿新酒，取红叶烧来暖酒。

帘卷八窗，面面云峰送碧；塘开半亩，潇潇烟水涵清。

【译文】

四周的窗户都卷起了帘子，每面窗都可看到高耸入云的山峰送来碧色；凿开半亩方塘，潇潇烟水积聚着清凉。

云衲高僧，泛水登山，或可藉以点缀；如必莲座说法，则诗酒之间，自有禅趣，不敢学苦行头陀，以作死灰。

【译文】

高僧四处云游，渡水登山，或者可以借此点缀自己的修行；如必定要在莲座上演说佛法，那么诗酒之间，自然也有禅趣，不敢学那些苦行的头陀，心如死灰。

遨游仙子，寒云几片束行妆；高卧幽人，明月半床供枕簟。

【译文】

四方遨游的仙人，将几片寒云收束成自己的行装；安卧的隐士，半床的明月就可以作为枕席。

落落者难合，一合便不可分；欣欣者易亲，乍亲忽然成怨。故君子之处世也，宁风霜自挟，无鱼鸟亲人。

【译文】

性格孤僻难以交游的人，一旦与契合的人结成朋友便密不可分；快乐的人容易亲近，但刚亲近也可能忽然成为仇人。所以君子在世间处事，宁可如带风霜般严肃自重，也不要似鱼鸟那般亲附他人。

海内殷勤，但读《停云》之赋①；目中寥廓，徒歌明月之诗②。

【注释】

①停云之赋：陶渊明《停云》诗序曰："停云，思亲友也。罇湛新醪，园列初荣，愿言不从，叹息弥襟。"写内心忧伤，感时伤世，思念亲朋。

②明月之诗：指《诗经·陈风·月出》，抒发月下怀人之感。

【译文】

对亲友们有深情厚意，只读陶渊明《停云》之赋；眼中所见，空旷深远，只可歌《诗经》中《月出》之诗。

生平愿无恙者四：一曰青山，一曰故人，一曰藏书，一曰名草。

【译文】

生平希望四样东西一直安然无恙：一是青山，一是故人，一是藏书，一是名草。

闻暖语如挟纩①，闻冷语如饮冰②，闻重语如负山，闻危语如压卵，闻温语如佩玉，闻益语如赠金。

【注释】

①挟纩：披着绵衣。《左传·宣公十二年》载："师人多寒，王巡三军，拊而勉之，三军之士皆如挟纩。"杜预注曰："纩，绵也。言说以忘寒。"比喻受人慰勉而感到温暖。

②饮冰：《庄子·人间世》载："今吾朝受命而夕饮冰，我其内热与？"成玄英疏曰："诸梁晨朝受诏，暮夕饮冰，足明怖惧忧愁，内心熏灼。"是指内心非常焦虑，忧心如焚。

【译文】

听到温暖的话就像穿着棉衣，听到冷酷的话就如同喝了冰水，听到沉重的话如同背负了大山，听到危急的话如同大石压卵，听到温和的话如同佩戴美玉，听到有益的话如同获赠金子。

快欲之事，无如饥餐；适情之时，莫过甘寝。求多于情欲，即侈汰亦茫然也。

【译文】

人生高兴舒服的事，没有什么比得上饿了吃一顿饱饭；

最顺应性情的时刻，莫过于美美地睡上一觉。贪求更多的情感欲望，奢侈无度也会陷入茫然。

卷八　奇

　　这一卷题为"奇"。所集诸语，以奇事、奇景、奇人为主。令人在新奇、惊奇之中看到世上别有洞天之处。

　　所以浓艳的世味，都可以淡然处之，但天下之伟人与奇物，"幸一见之，自不觉魄动心惊"，这种惊心动魄，其实正是"奇"对于世俗、对于常情、对于成规的超越所带来的效果。在纷纭的世事之中，在绳墨之间，却忽然看到奇崛、奇异、奇伟之事之人之景，令人怦然心动之中感受到率直天真之光。

　　"面上扫开十层甲，眉目才无可憎；胸中涤去数斗尘，语言方觉有味"，也即揭开面具，涤去俗尘，眉目和胸襟才会清朗洒脱，才会看山是山，看水是水，在人世间，稠人广众之中，亦不染尘埃。

　　我们不求能如此脱俗，也许能于片刻之间，胸襟洒落，风清月朗，便生无量欢喜。"一勺水，便具四海水味，世法不必尽尝；千江月，总是一轮月光，心珠宜当独朗"，饮一勺甘甜的泉水，得一刻清宁的时光，便得人生的一种深趣真意，万法不必尽尝，一勺足矣。

　　我辈寂处窗下，视一切人世，俱若蠛蠓婴丑^①，不堪寓目。而有一奇文怪说，目数行下，便狂呼叫绝，令人喜，令人怒，更令人悲。低徊数过，床头短剑亦鸣鸣作龙虎吟，便觉人世一切不平，俱付烟水。集奇第八。

【注释】

①蠛蠓（mièméng）：虫名。体微细，将雨，群飞塞路。

【译文】

　　我辈孤寂坐于窗下，看世间一切，都觉得如蠛蠓围绕着丑陋的东西一样，令人不堪入目。而有一段奇文怪说，一目数行看下来，便令人拍案叫绝，令人喜悦，令人愤怒，更令人悲伤。再数次回味，床头上的短剑也发出鸣鸣如龙虎咆哮的声音，便觉得人世间的一切不平之事，都付之烟云与流水了。集奇第八。

　　吕圣公之不问朝士名^①，张师亮之不发窃器奴^②，韩稚圭之不易持烛兵^③，不独雅量过人，正是用世高手。

【注释】

①吕圣公：即吕蒙正，字圣功，北宋人。宋司马光《涑水记闻》卷二记："吕蒙正相公不喜记人过，初参知政事，入朝堂，有朝士于帘内指之曰：'是小子亦参政耶？'蒙正佯为不闻而过之。其同行怒之，

令诘其官位姓名，蒙正遽止之。罢朝，同列犹不能平，悔不穷问。蒙正曰：'若一知其姓名，则终身不能复忘，故不如无知也，不问之，何损？'"

②张师亮：即张齐贤，字师亮，北宋人。

③韩稚圭：即韩琦，字稚圭，北宋著名政治家、名将。

【译文】

吕蒙正不追问那个讥笑他的朝士的名字，张齐贤不揭发那个在家宴上偷银器的奴仆，韩琦不把那个不小心拿蜡烛而烧了他胡须的侍从换掉，不单单是雅量过人，而且正是善于用世的高手。

佞佛若可忏罪，则刑官无权；寻仙若可延年，则上帝无主。达士尽其在我，至诚贵于自然。

【译文】

如果沉迷于佛教便能忏悔罪过，那么执管刑罚的官吏就没有权力了；如果寻仙可以延长生命，那么上天就不是主宰。明智之士懂得一切出自内心，至诚之心贵在出自自然。

以货财害子孙，不必操戈入室；以学校杀后世，有如按剑伏兵。

【译文】

把财富留给子孙是害了子孙，不必自家人互相争斗；

用错误的学校教育来戕害后世，就像是拿着剑埋伏下了甲兵。

君子不傲人以不如，不疑人以不肖。

【译文】

君子不会因为别人不如自己而对人骄傲，不会怀疑别人品行差。

读诸葛武侯《出师表》而不堕泪者，其人必不忠；读韩退之《祭十二郎文》而不堕泪者，其人必不友。

【译文】

读诸葛亮《出师表》，不被文中终生不渝的忠诚打动流泪的人，必然不是忠贞之士；读韩愈《十二郎文》，不被韩愈对于家人的深情厚意打动而流泪的人，必然不是友爱孝悌之人。

世味非不浓艳，可以淡然处之。独天下之伟人与奇物，幸一见之，自不觉魄动心惊。

【译文】

尘世味道不是不浓烈丰艳，但我们还可以淡然对待。唯有世上伟人与奇物，有幸偶一见之，不自觉间便会觉得惊心动魄。

道上红尘，江中白浪，饶他南面百城；花间明
月，松下凉风，输我北窗一枕。

【译文】

路上红尘滚滚，江中白浪滔天，即使是面南称王、拥
有百城也没用；花间明月朗照，松下凉风顿起，都比不上
我在北窗之下酣然入睡。

瀑布天落，其喷也珠，其泻也练，其响也琴。

【译文】

瀑布自天际飞落而下，喷溅好似珍珠，流泻如同白练，
响声如同琴曲。

平易近人，会见神仙济度；瞒心昧己，便有邪
祟出来。

【译文】

平易近人，便会有神仙来接应度化；做昧心事，便会
有妖魔邪恶之物出来祸害。

诗书乃圣贤之供案，妻妾乃屋漏之史官①。

【注释】

①屋漏：古代室内西北角设小帐，安藏神主。《诗经·大雅·抑》："相在尔室，尚不愧于屋漏。"毛传："西北隅谓之屋漏。"郑玄笺："屋，小帐也；漏，隐也。"后即用以泛指屋之深暗处。

【译文】

诗书乃是供奉圣贤的桌案，妻妾乃是记录你私下行径的史官。

强项者未必为穷之路，屈膝者未必为通之媒。故铜头铁面，君子落得做个君子；奴颜婢膝，小人枉自做了小人。

【译文】

刚正不屈不一定就会穷途末路，卑躬屈节也不一定就会仕途通达。所以铁面无私，君子终究还是君子；奴颜婢膝，小人也是白做小人。

一世穷根，种在一捻傲骨；千古笑端，伏于几个残牙。

【译文】

一生穷困潦倒，其根源就在于有一副傲骨；千古笑柄，潜伏于几颗老牙。

大豪杰，舍己为人；小丈夫，因人利己。

【译文】

大豪杰，能够舍己为人；小丈夫，才会靠着别人为自己谋利。

一段世情，全凭冷眼觑破；几番幽趣，半从热肠换来。

【译文】

一段人情世态，全靠冷眼看破；几番清幽之趣，大半是从热心入世转换来的。

识尽世间好人，读尽世间好书，看尽世间好山水。

【译文】

认遍世间好人，读完世间好书，看尽世间好山水。

舌头无骨，得言句之总持；眼里有筋，具游戏之三昧。

【译文】

舌头没有骨，但却可以总管语言；眼里有筋，却足以看破游戏世间的真意。

群居闭口，独坐防心。

【译文】

与众人共处时要懂得缄默，自己独坐时要提防心性放纵。

三徙成名，笑范蠡碌碌浮生，纵扁舟，忘却五湖风月；一朝解绶，羡渊明飘飘遗世，命巾车，归来满室琴书。

【译文】

范蠡先是出谋抗击吴国，功成名就后辞官而去，最后又经商成功，这三次角色的成功转换，令他成名天下，但仍然笑他一生忙忙碌碌，驾起小船，亦不能够享受五湖的美好风光；陶渊明一朝辞官回归田园，便无论贫寒还是辛劳，都能自得其乐，羡慕他潇洒独立的风度，命车驾返家，归来唯有满室的图书和瑶琴相伴。

棋能避世，睡能忘世。棋类耦耕之沮溺①，去一不可；睡同御风之列子②，独往独来。

【注释】

①沮溺：《论语·微子》有"长沮、桀溺耦而耕"之句，长沮和桀溺都是隐士。

②御风之列子：《庄子·逍遥游》载："列子御风而行，

泠然善也，旬有五日而后反。"

【译文】

下棋能够逃避人世，睡觉能够忘却人世。下棋就像是并肩而耕的长沮与桀溺，少一个人也不行；睡觉如同乘风而行的列子，可以独来独往。

以一石一树与人者，非佳子弟①。

【注释】

①"以一石"二句：明代张岱《夜航船》中记载唐代李德裕苦心经营平泉庄，费心布置各种奇石佳木，告诫子孙后代不能轻易败坏此园。

【译文】

即便将一块石头、一棵树木随意给人的，也不是好子弟。

一勺水，便具四海水味，世法不必尽尝；千江月，总是一轮月光，心珠宜当独朗。

【译文】

一勺水，便有四海的水味，世间的交际应酬不必一一体验；无数条河流里的月亮，也还是那同样的一轮月光，心性自当透彻明亮。

面上扫开十层甲，眉目才无可憎；胸中涤去数斗尘，语言方觉有味。

【译文】

脸上揭开层层面具，眉目才没有可憎之处；胸中洗去许多尘埃，语言方才觉得挺有味道。

愁非一种，春愁则天愁地愁；怨有千般，闺怨则人怨鬼怨。

【译文】

愁并不是只有一种，春愁就令天愁地也愁；怨也有许多种，闺怨就令人也怨鬼也怨。

俗气入骨，即吞刀刮肠，饮灰洗胃，觉俗态之益呈；正气效灵，即刀锯在前，鼎镬具后①，见英风之益露。

【注释】

①镬：指锅。

【译文】

骨子里都透着俗气，即便吞刀刮肠，饮灰洗胃，都还觉得俗气之态更加明显；心中有正气，即使刀锯在前，鼎镬在后，英雄气概反而更加高扬。

于琴得道机，于棋得兵机，于卦得神机，于药得仙机。

【译文】

在琴中得到天道之玄机，在棋中得到兵法之要诀，在卦图中得到莫测的玄机，于丹药中悟出仙道之机。

世界极于大千①，不知大千之外更有何物；天宫极于非想②，不知非想之上毕竟何穷。

【注释】

①大千：即"三千大千世界"的简称。佛教的宇宙观，其说以须弥山为中心，以铁围山为外郭，同一日月所照的空间，称为"小世界"。一千个小世界称为"小千世界"；一千个小千世界称为"中千世界"；一千个中千世界称为"大千世界"。因一个大千世界是由小中大三种千世界组成，故称为"三千大千世界"。

②非想：佛家语，即非想天，此天没有欲望与物质，仅有微妙的思想。

【译文】

世界穷极于大千，不知道大千之外还有什么东西；天宫穷极于非想天，不知道非想天之上如何到止境。

千载奇逢，无如好书良友；一生清福，只在茗碗炉烟。

【译文】

千载的奇遇，没有比得上与好书和良友的相遇；一生的清福，只在茶碗与香炉的烟气之中。

作梦则天地亦不醒，何论文章？为客则洪蒙无主人，何有章句？

【译文】

如若入梦，那么天地也不会清醒，还谈什么写文章呢？匆匆过客，天地混沌无主时，哪里有文章诗词呢？

杖底唯云，囊中唯月，不劳关市之讥；石笥藏书，池塘洗墨，岂供山泽之税？

【译文】

手杖之下唯有白云，行囊之中只有明月，不劳关市盘查税收；石匣之中藏书，池塘里洗涤笔墨，哪里是为了交山泽的税赋？

有此世界，必不可无此传奇；有此传奇，乃可维此世界。则传奇所关非小，正可借《西厢》一卷，以为风流谈资。

【译文】

有这样的世界，必然不可没有这样的传奇；有这样的传奇，才可以维持这个世界。所以传奇所关涉者非同小可，正可借《西厢记》一卷，作为风流的谈资。

非穷愁不能著书，当孤愤不宜说剑。

【译文】
不是穷困愁苦便不能写出好书，当孤愤之时不应谈剑。

湖山之佳，无如清晓春时。当乘月至馆，景生残夜，水映岑楼，而翠黛临阶，吹流衣袂，莺声鸟韵，催起哄然。披衣步林中，则曙光薄户，明霞射几，轻风微散，海旭乍来。见沿堤春草霏霏，明媚如织，远岫朗润出林，长江浩渺无涯，岚光晴气，舒展不一，大是奇绝。

【译文】
湖山之美，最美是春天清晨之时。当乘着月色到达馆舍，残夜将尽，光线初亮，水里倒映着高楼，台阶两侧全是青翠的树木，风吹动着衣衫，黄莺的叫声和其他鸟儿的叫声一起，似乎是哄然催促起床。披衣步行于林中，曙光照到门扉，明艳的霞光映到几案之上，轻风吹拂，旭日出海。看到沿堤的春草绿蒙蒙一片，明媚如同织成的锦缎，远远的山峦耸出林间，显得明朗润泽，长江浩渺无际，烟岚之光和晴朗之气，或舒或展，真是奇妙绝伦。

心无机事，案有好书，饱食晏眠，时清体健，此是上界真人。

【译文】

心中没有机巧之事，案头常有好书可读，吃饱安睡，时光清宁身体康健，这真如天上的神仙。

读《春秋》，在人事上见天理；读《周易》，在天理上见人事。

【译文】

读《春秋》，在人事上可以看出天理；读《周易》，在天理上可以看出人事。

镜花水月，若使慧眼看透；笔彩剑光，肯教壮志销磨。

【译文】

如果用智慧的眼光看透，一切便都是镜中花水中月；能消磨壮志的，不外乎笔底风采和剑上光华。

议论先辈，毕竟没学问之人；奖惜后生，定然关世道之寄。

【译文】

妄言前辈长短的，终究是那些没有学问的人；奖掖、爱护后辈，肯定是关系到社会风气的期许、寄托。

　　贫富之交，可以情谅，鲍子所以让金①；贵贱
之间，易以势移，管宁所以割席②。

【注释】

①鲍子所以让金：春秋时齐人鲍叔牙与管仲为好友，
　管仲家贫，老母在堂，鲍叔牙常将两人经商所得的
　钱多分给管仲，后来向齐桓公推荐管仲为相。后人
　将朋友间深厚的友谊称为"管鲍之交"。
②管宁所以割席：三国魏人管宁与华歆同席读书，有
　高官乘车而过，管宁读书如故，华歆却跑出去看，
　管宁将坐席割开，不再与他为友。

【译文】

　　交往只涉及贫富的差异，可以根据情理而相互从感情
上谅解，鲍叔牙正是因此能够将赚得的钱多分给管仲；而
交往或涉及品质的高下之分，就容易因为形势变化而改变，
管宁与华歆正是因此才割席断交。

　　论名节，则缓急之事小；较生死，则名节之论
微。但知为饿夫以采南山之薇①，不必为枯鱼以需
西江之水②。

【注释】

①南山之薇：商朝末年孤竹国君的儿子伯夷和弟弟叔

齐，在周武王灭商以后，不愿吃周朝的粮食，采薇
而食。

②"不必"句：《庄子·外物》载：庄周遇车辙中鲋鱼
向他求救，回答说要引西江之水来救它，鲋鱼大
怒，说："吾失吾常与，我无所处。我得斗升之水然
活耳，君乃言此，曾不如早索我于枯鱼之肆。"

【译文】

说到名节大事，那么再急迫的事情也是小事了；与生
死相比，名节之事却也是小事。伯夷叔齐为了饥饿而采南
山的薇菜吃，不必像车辙中的鲋鱼那样求升斗之水而不得，
以待人引西江之水来相救。

点破无稽不根之论，只须冷语半言；看透阴阳
颠倒之行，惟此冷眼一只。

【译文】

只要半句冷言，便可以说穿那些荒谬无根的言论；仅
凭一只冷眼，便可看透世间是非颠倒的行为。

古之钓也，以圣贤为竿，道德为纶，仁义为
钩，利禄为饵，四海为池，万民为鱼。钓道微矣，
非圣人其孰能之？

【译文】

古代先贤垂钓，是以圣贤之道为钓竿，以道德为钓线，

以仁义为鱼钩，以利禄为鱼饵，以四海为池塘，将万民都视为鱼。垂钓之道如今衰微了，不是圣人谁能掌握这种钓道呢？

浮云回度，开月影而弯环；骤雨横飞，挟星精而摇动[①]。

【注释】

①"浮云"四句：摘自唐元稹《观兵部马射赋》。写驰射比赛时勇士们的精彩表现。

【译文】

如浮云飞旋般骑马飞驰，拉开弓，如月影弯弯；飞箭如急雨般狂飞，挟着星宿之灵而摇动。

翻光倒影，擢菡萏于湖中；舒艳腾辉，攒螮蛛于天畔。照万象于晴初，散寥天于日余[①]。

【注释】

①"翻光"六句：摘自唐韦充《余霞散成绮赋》。写"白日欲没兮，红霞始生"之时，霞光的美丽与游子的愁思。螮蛛（dìdōng），彩虹。

【译文】

晚霞的倒影映在水中，荷花挺拔地立于湖里；晚霞舒展其艳丽闪耀其光辉，在天边汇聚成彩虹。初晴的阳光照耀着万物，夕阳的余晖在静寂的天空散开。

卷九　绮

　　本卷所集，题名为"绮"，大都为绮丽明艳之情，或是绮思雅韵之事，文字流转如珠，晶莹如玉，许多文字都摘自前人所写的赋。

　　"绮"似乎比"韵""素"等集更觉华美绚烂，更绮丽缤纷，但其实"绮"字背后，也衬着一个"清"字。所选的文字，既华丽灿烂，却也同时清丽雅致，可以叫做"清绮"。

　　就如"春透水波明，寒峭花枝瘦。极目烟中百尺楼，人在楼中否？"之句，来自宋秦湛《卜算子·春情》词，既有远景里遥想的绮艳，亦有近景里明媚的春波和瘦俏的花枝，绮思艳影，却又含蓄淡远，就像油画里琢磨不透的一缕明艳的色调。

　　所汇集的人世美景，所品题的丰美时刻，比"素"多一份艳，比"奇"多一份柔，是明艳里的温柔，低调里的奢华。

　　"木香盛开，把杯独坐其下，遥令青奴吹笛，止留一小奚侍酒，才少斟酌，便退立迎春架后。花看半开，酒饮微醉。"这一段话，也许恰恰说明了"绮"的含义。虽是繁花盛开的锦绣时刻，却也同时是幽人独赏的宁静时分，有人在的动静，更有无人的安宁，而且是花看半开，人饮微醉，即饱满丰盈，又留有空白余韵，一切都刚刚好。

　　正如明代汤显祖《永嘉送客游金陵便谒王恒叔参政济南》诗中所说"绕梦落花消雨色，一尊芳草送晴曛"，孤单里有远远的绮丽，艳景里有淡淡的哀愁。

朱楼绿幕，笑语勾别座之香；越舞吴歌，巧舌吐莲花之艳。此身如在怨脸愁眉、红妆翠袖之间，若远若近，为之黯然。嗟乎！又何怪乎身当其际者，拥玉床之翠而心迷，听伶人之奏而陨涕乎？集绮第九。

【译文】

红楼翠帏之中，欢声笑语引来邻座的女子；越地之舞、吴地之歌，美妙的歌喉如莲花般清艳。此身似乎就在这些俏脸含怨、眉目含愁、服饰华美的女子群中，若远若近，为之沮丧伤心。嗟乎！又何必怪那些当时真的置身其中，拥睡在翠玉床上会心迷神失，听伶人奏乐而涕泣流泪的人呢？集绮第九。

天台花好，阮郎却无计再来①；巫峡云深，宋玉只有情空赋。瞻碧云之黯黯，觅神女其何踪？睹明月之娟娟，问嫦娥而不应。

【注释】

①阮郎：据《太平御览》卷四一引南朝宋刘义庆《幽明录》曰，汉明帝永平五年（63），会稽郡剡县刘晨、阮肇共入天台山采药，遇到两仙女，被招为婿，后思乡返家，发现已过十世，欲再回天台寻仙而不可得。

【译文】

天台山上的花儿依然美丽，阮肇却无法再来；巫峡上空依然白云深深，宋玉即便有情也只能徒劳题赋。只看到碧云沉沉，哪里去寻神女的踪迹？空见明月美好，问嫦娥却没有回应。

妆楼正对书楼，隔池有影；绣户相通绮户，望眼多情。

【译文】

梳妆楼正对着读书楼，隔着池塘也可以看到彼此的倒影；闺秀之屋与豪华之家的绮户相通，眼睛望去，彼此多情。

莲开并蒂，影怜池上鸳鸯；缕结同心，日丽屏间孔雀。

【译文】

并蒂莲花开放，池中的倒影令池里的鸳鸯也感喜爱；丝缕结成同心之结，阳光照耀着屏风，令屏风上的孔雀显得更为美丽。

堂上鸣琴操，久弹乎孤凤①；邑中制锦纹，重织于双鸾。

【注释】

①孤凤：即孤鸾，汉琴曲有《双凤离鸾》曲。陶潜

《拟古》诗："上弦惊别鹤，下弦操孤鸾。"

【译文】

堂上弹起琴曲，反复弹奏着那曲《孤鸾》；邑中织造锦纹，重重编织的是双鸾图。

春透水波明，寒峭花枝瘦。极目烟中百尺楼，人在楼中否？

【译文】

春水清澈，水波明亮，寒意料峭，花枝瘦弱。极目远眺那云雾中的百尺楼台，思念的人儿可在里面？

明月当搂，高眠如避，惜哉夜光暗投；芳树交窗，把玩无主，嗟矣红颜薄命。

【译文】

明月照着高楼，而人却在睡梦中，好似故意避开这月色，可惜这月华暗投；花木在窗前交织，却无人赏看，嗟叹红颜薄命。

鸟语听其涩时，怜娇情之未啭；蝉声听已断处，愁孤节之渐消①。

【注释】

①"孤节"句：古人认为蝉很高洁，如《大戴礼记》中

认为蝉只饮不食，又《后汉书·舆服志》中载，"侍中中常侍黄金珰，附蝉为文，貂尾为饰"，《古今注》曰"貂者，取其有文采而不炳焕。蝉，取其清虚识变也"。蝉在古人的认知里，是和节操联系在一起的。

【译文】

鸟鸣要听其声音青涩之时，赏其情致未及宛转流畅；蝉声要听已经中断之处，愁其孤高之节已渐渐消失。

流苏帐底，披之而夜月窥人；玉镜台前，讽之而朝烟萦树。

【译文】

打开流苏账，月光乘机前来窥人；讽咏于玉镜台前，早上的雾气正缭绕在树间。

李后主宫人秋水，喜簪异花，芳香拂髻鬟，尝有粉蝶聚其间，扑之不去。

【译文】

南唐后主李煜的宫女秋水，喜欢簪奇异的花朵，头发散发着芳香，常有粉蝶飞聚其间，受到扑赶也不离开。

濯足清流，芹香飞涧；浣花新水，蝶粉迷波。

【译文】

在清澈的溪水中浴足，水芹的芳香飞散在涧水边；在新水中洗花，花粉令水波迷蒙。

昔人有花中十友：桂为仙友，莲为净友，梅为清友，菊为逸友，海棠名友，荼蘼韵友，瑞香殊友，芝兰芳友，腊梅奇友，栀子禅友。昔人有禽中五客：鸥为闲客，鹤为仙客，鹭为雪客，孔雀南客①，鹦鹉陇客②。会花鸟之情，真是天趣活泼。

【注释】

① 南客：明代李时珍《本草纲目·禽部·孔雀》曰："孔，大也。李昉呼为南客，梵书谓之摩由逻。"

② 陇客：东汉末祢衡《鹦鹉赋》："惟西域之灵鸟兮。"古代鹦鹉出于陇坻间（在今甘肃东部），故称陇客。

【译文】

前人有花中十友：桂树是仙友，莲花是净友，梅花是清友，菊花是逸友，海棠是名友，荼蘼是韵友，瑞香是殊友，芝兰是芳友，腊梅是奇友，栀子是禅友。前人有禽中五客：海鸥是闲客，仙鹤是仙客，鹭鸶是雪客，孔雀是南客，鹦鹉是陇客。体会到花鸟的情趣，是真正天真活泼的意味。

木香盛开，把杯独坐其下，遥令青奴吹笛，止留一小奚侍酒，才少斟酌，便退立迎春架后。花看半开，酒饮微醉。

【译文】

木香花开正盛，独坐其下饮酒，命青奴远远吹笛助兴，只留下一个小仆人侍酒，只一斟上酒，便立即退回到迎春花架之后。看花看到半开，饮酒饮到微熏。

夜来月下卧醒，花影零乱，满人襟袖，疑如濯魄于冰壶。

【译文】

夜里在月下醒来，襟袖上全是零乱的花影，恍然觉得灵魂像在冰壶中洗过。

看花步，男子当作女人；寻花步，女人当作男子。

【译文】

看花时，男子也应当如女子般轻盈缓慢举步；寻花时，女子当如男子般迈步迅速快捷。

野花艳目，不必牡丹；村酒醉人，何须绿蚁①？

【注释】

①绿蚁：新酿的酒还未滤清时，酒面浮起蚁状的细

密微绿的酒渣，称为"绿蚁"，后世用以代指新出的酒。

【译文】

野花也可令人觉得眼前一亮，不必非得是牡丹；家酿的村酒也可醉人，何必非要是新酿的美酒？

石鼓池边，小草无名可斗；板桥柳外，飞花有阵堪题。

【译文】

大石在池边，小草叫不出名字，无法斗草；板桥在柳林之外，落花成阵，可以题诗。

高楼对月，邻女秋砧；古寺闻钟，山僧晓梵。

【译文】

明月对着高楼，邻家女子正在秋天的夜里敲砧洗衣；古庙中听到钟声，是山僧正在做早课。

佳人病怯，不耐春寒；豪客多情，犹怜夜饮。李太白之宝花宜障①，光孟祖之狗窦堪呼②。

【注释】

①"李太白"句：据《开元天宝遗事》记载，宁王有位歌妓叫宠姐，秘不示人，有一次李白乘酒兴提出

要见宠姐，宁王令设七宝花障，让宠姐在障后清歌
一曲。

②"光孟祖"句：晋人光逸，字孟祖，《晋书》载，光
逸去访胡毋辅之、谢鲲等朋友，朋友们正闭室酣
饮，门人不让他进，他便在狗窦中大叫，胡毋辅之
"惊曰：'他人决不能尔，必我孟祖也。'遽呼入，遂
与饮，不舍昼夜"。

【译文】

佳人身体虚弱，不能承受春天的寒意；豪侠之士多情，
仍然喜欢夜里宴饮。李太白想见的宠姐，应被花障遮蔽，
光孟祖想见朋友，值得在狗洞中大叫。

梅额生香①，已堪饮爵；草堂飞雪，更可题诗。
七种之羹②，呼起袁生之卧③；六生之饼④，敢迎王
子之舟⑤。豪饮竟日，赋诗而散。佳人半醉，美女
新妆。月下弹琴，石边侍酒。烹雪之茶，果然剩有
寒香；争春之馆，自是堪来花叹。

【注释】

①梅额生香：相传南朝宋武帝女寿阳公主，人日卧含
章殿的檐下，梅花落在额上，成五出之花，拂之不
去，世称梅花妆。

②七种之羹：即七宝羹，旧俗农历正月初七用七种蔬
菜拌和米粉所作的羹。

③袁生之卧：袁生，东汉袁安，为人严谨。《后汉

书·袁安传》载洛阳下大雪时，许多人都扫雪外出乞食，袁安家里的雪没有打扫，洛阳令让人除雪入户看他是否冻死，结果袁安僵卧，问他为什么不出门，他说大雪天大家都饿，不应出门打扰别人。

④六生之饼：指六瓣的雪花。

⑤王子之舟：《世说新语·任诞》载，王子猷于大雪之夜，忽然想念好友戴安道，连夜乘舟去访，走了一夜，到了门前却不进门就返回。人问其故，答曰："吾本乘兴而来，兴尽而返，何必见戴？"

【译文】

梅花贴在额上生香，已足够助酒兴；草堂前飞雪飘洒，更可以题诗。七宝羹，唤起僵卧的袁安；雪花飘散，迎着王子猷的小舟。终日豪饮，赋诗尽兴而散。佳人半醉，美女新上好妆。在月下弹琴，在石边侍酒。用雪水煮茶，果然剩有凛冽的清香；百花争春的馆阁，自然堪可为落花叹息。

黄鸟让其声歌，青山学其眉黛。

【译文】

黄鸟也比不上她的歌声优美，青山也要学她眉毛的弯长而青黛。

画屋曲房，拥炉列坐，鞭车行酒，分队征歌，一笑千金，樗蒲百万①，名妓持笺，玉儿捧砚，淋漓挥洒，水月流虹，我醉欲眠，鼠奔鸟窜，罗襦轻解，鼻息如雷。此一境界，亦足赏心。

【注释】

①樗（chū）蒲：古代的一种博戏。

【译文】

房屋雕梁画栋，房间曲折幽深，围着火炉坐下，轮流行酒令，分组召歌，一笑值千金，博戏一掷百万，名妓拿着纸，小童捧着砚，挥洒笔墨，有如水中明月天上彩虹，我醉了想睡，大家都作鸟兽散，轻轻解开衣衫，便鼾声如雷。这一种境界，也可以令人心情舒畅。

柳花燕子，贴地欲飞，画扇练裙，避人欲进，此春游第一风光也。

【译文】

柳絮与燕子一起贴地而飞，拿着画扇、身着白裙的女子，想避人又想看风景，这正是春游的最好的风景。

涧险无平石，山深足细泉；短松犹百尺，少鹤已千年①。

【注释】

①"涧险"四句：摘自庾信《奉和赵王隐士诗》。写山景与山中隐士的生活。

【译文】

山涧险峻没有平整的石头，山谷幽深多涓涓细流；矮的松树都有百尺高，年幼的仙鹤也已有千岁之龄。

鹤有累心犹被斥，梅无高韵也遭删。

【译文】

仙鹤如果为凡心所累，也会受到训斥；梅花若无高雅的韵致，也会遭到铲除。

分果车中①，毕竟借他人面孔；捉刀床侧②，终须露自己心胸。

【注释】

①分果车中：《世说新语·容止》注引《语林》曰："安仁（潘岳）至美，每行，老妪以果掷之，满车。"

②捉刀床侧：《世说新语·容止》载："魏武帝见匈奴使，自以行陋，不足雄远国，使崔季圭代，帝自捉刀立床侧。既毕，令间谍问曰：'魏王如何？'匈奴使答曰：'魏王雅望非常，然床头捉刀人，此乃英雄也。'"

【译文】

像潘安仁一样，可以在车中得到大家投掷的果子，毕竟是靠别人给面子；像魏武帝那样即使持刀侍立在大臣身畔，也终会露出自己的心胸气概。

　　雪滚花飞，缭绕歌楼，飘扑僧舍，点点共酒旆悠扬，阵阵追燕莺飞舞。沾泥逐水，岂特可入诗料，要知色身幻影，是即风里杨花、浮生燕垒①。

【注释】

①"雪滚"一段：摘自明代高濂《遵生八笺·四时幽赏录》之"山满楼观柳"。高濂在西湖边上造了一座房舍，名之曰"山满楼"，特别适合于此楼观苏堤之上柳树在不同季节的美妙姿态。

【译文】

　　飞絮如雪到处翻飞，缭绕于歌楼之侧，飘飞着扑向僧舍，点点都与酒旗一起悠然飞扬，一阵阵追逐着燕子和黄莺一起飞舞。或沾在泥里，或追逐着流水，岂止是可以作为写诗的材料，要知道色与身都是幻影，就如这风里的柳絮，或是浮生中的燕巢一般。

　　水绿霞红处，仙犬忽惊人，吠入桃花去①。

【注释】

①"水绿"四句：摘自明代屠隆《冥寥子游》。写一世外道人冥寥子，有深厚的涵养，超凡脱俗，又精诗文。与一群文人集会时，作诗："沿溪踏沙行，水绿霞红处。仙犬忽惊人，吠入桃花去。"

【译文】

流水清碧、霞光红艳处，仙犬忽然见人而惊，一路叫着进入桃花丛中。

到来都是泪，过去即成尘。秋色生鸿雁，江声冷白蘋。

【译文】

到来的都是泪水，过去的都已成灰。秋色令鸿雁飞鸣，江涛之声令白蘋清冷。

斗草春风，才子愁销书带翠^①；采菱秋水，佳人疑动镜花香。

【注释】

①书带：即书带草，又称麦冬、麦门冬、沿阶草。据说汉代郑玄门下曾用之束书，故名书带草。

【译文】

在春风中斗草为乐，才子的愁闷在书带草的翠色中消解；在秋水上采菱，水面的波纹仿佛是谁动了佳人的镜台。

竹粉映琅玕之碧，胜新妆流媚，曾无掩面于花宫^①；花珠凝翡翠之盘，虽什袭非珍，可免探颔于龙藏^②。

【注释】

①花宫：指佛寺或仙界。

②探颔于龙藏：《庄子·列御寇》载："夫千金之珠，必在九重之渊而骊龙颔下。"

【译文】

竹上的白色轻粉映着碧绿的竹竿，比新打扮好的女子还要轻灵妩媚，并不曾比仙界逊色；花上露珠凝结在翡翠盘般的叶子上，虽然不是精心珍藏的宝物，却可免于再去龙的下巴里探寻珠宝的危险。

因花整帽，借柳维船。

【译文】

整理被花枝弄乱的帽子，借助几丝垂柳系住小船。

无端泪下，三更山月老猿啼；蓦地娇来，一月泥香新燕语。

【译文】

三更天，月色照耀群山，老猿哀啼，令人无端落泪；忽然传来一声娇啼，原来是春天泥土散发着香气，小燕子在呢喃细语。

燕子刚来，春光惹恨；雁臣甫聚，秋思惨人。

【译文】

燕子刚刚飞来，春光牵动起多少遗憾；大雁刚刚聚集，秋天的思绪便令人感伤不已。

韩嫣金弹^①，误了饥寒人多少奔驰；潘岳果车，增了少年人多少颜色。

【注释】

①韩嫣金弹：据《西京杂记》记载，韩嫣是西汉时人，喜欢打弹弓，常用金为丸，每天丢失十多粒金丸，长安的少年人每听到他出来打弹弓，都来追随他，希望能捡到遗落的金丸。

【译文】

韩嫣金做的弹丸，耽误了饥寒交迫的人多少奔驰拾捡；潘岳的掷满了果子的车，给少年人增加了多少风光。

微风醒酒，好雨催诗，生韵生情，怀颇不恶。

【译文】

微风令醉酒的人醒来，好雨催生出诗歌，生出韵味与情趣，襟怀不差。

苎罗村里^①，对娇歌艳舞之山；若耶溪边^②，拂浓抹淡妆之水。

【注释】

①苎罗村：相传为西施出生地。

②若耶溪：相传西施曾于此浣纱。

【译文】

苎罗村里，面对的正是当年西施娇歌艳舞的青山；若耶溪边，轻拂的正是昔日西施对水浓妆淡抹的溪水。

春归何处，街头愁杀卖花；客落他乡，河畔生憎折柳。

【译文】

春天归无觅处，街头愁坏了卖花人；流落在他乡为客，最恨分别时河畔折柳相送。

胸中不平之气，说倩山禽；世上叵测之心，藏之烟柳。

【译文】

胸中一股不平之气，对山中的飞禽倾诉；世上不可捉摸的人心，深藏在烟柳之中。

祛长夜之恶魔，女郎说剑；销千秋之热血，学士谈禅。

【译文】

请美女说剑，可以祛除漫漫长夜中的恶魔；与学士谈禅，可以消融千秋沸腾的热血。

论声之韵者，曰溪声、涧声、竹声、松声、山禽声、幽壑声、芭蕉雨声、落花声、落叶声，皆天地之清籁，诗坛之鼓吹也，然销魂之听，当以卖花声为第一。

【译文】

谈到声音富有韵味，是溪声、涧声、竹声、松声、山禽声、幽壑声、芭蕉雨声、落花声、落叶声，都是天地之间清雅的天籁之声，是诗坛的音乐，但是最令人销魂的声音，卖花声为第一。

石上酒花，几片湿云凝夜色；松间人语，数声宿鸟动朝喧。

【译文】

石上饮酒赏花，几片湿润的云朵凝住了夜色；松间传来人语，数声鸟鸣搅动起清晨的喧闹。

媚字极韵，但出以清致，则窈窕俱见风神，附以妖娆，则做作毕露丑态。如芙蓉媚秋水，绿筱媚清涟①，方不着迹。

【注释】

①筱（xiǎo）：小竹。

【译文】

"媚"这个字极其富有韵味，要是出之以清雅之致，就能于美好中显出风采和神气，要是加上妖娆之气，就会丑态毕露。就如芙蓉的妩媚出自秋水，而绿竹的妩媚出自清波，才会不染尘俗之气。

武士无刀兵气，书生无寒酸气，女郎无脂粉气，山人无烟霞气，僧家无香火气，换出一番世界，便为世上不可少之人。

【译文】

武士没有刀兵之气，书生没有寒酸之气，女郎没有脂粉之气，隐士没有烟霞之气，僧人没有香火之气，换了一番世界，便成为世上不可缺少的人。

情词之娴美，《西厢》以后，无如《玉合》《紫钗》《牡丹亭》三传①，置之案头，可以挽文思之枯涩，收神情之懒散。

【注释】

①《玉合》：即明代梅鼎祚《玉合记》，写韩翃与柳氏之悲欢离合。《紫钗》即明汤显祖《紫钗记》，写李益与霍小玉的故事。《牡丹亭》作者是汤显祖，写杜丽娘与柳梦梅生死相恋的爱情故事。

【译文】

感情与文辞的娴静优美，《西厢记》之后，没有比得上《玉合记》《紫钗记》《牡丹亭》这三部传奇的了，放在案头上，可以挽救文思不畅的弊病，可以令懒散的神情收敛起来。

俊石贵有画意，老树贵有禅意，韵士贵有酒意，美人贵有诗意。

【译文】

俊美的石头贵在有画意，苍老的树贵在有禅意，诗人贵在有酒意，美人贵在有诗意。

风惊蟋蟀，闻织妇之鸣机；月满蟾蜍，见天河之弄杼。

【译文】

秋风惊起蟋蟀，仿佛听到织妇的织机作响；一轮圆月闪耀，仿佛可以看到织女在天河中摆弄机杼。

酒有难悬之色，花有独蕴之香，以此想红颜媚骨，便可得之格外。

【译文】

美酒有无法悬赏的色泽，鲜花有独藏的芳香，以此推想到红颜美女，便可有格外的心得。

客斋使令，翔七宝妆，理茶具，响松风于蟹眼①，浮雪花于兔毫②。

【注释】

①响松风于蟹眼：烹茶有三沸，第一沸就如松风响起，水面浮起如蟹眼似的小气泡。苏轼《试院煎茶》："蟹眼已过鱼眼生，嗖嗖欲作松风鸣。"

②兔毫：即兔毫盏，是宋代建安出产的一种黑釉瓷茶盏，因纹理细密状如兔毫，故称。

【译文】

客斋之中的侍者，梳洗好七宝妆，前来整理茶具，煮茶之时听到水声如松风，泛起如蟹眼似的气泡，就开始分茶，黑色的兔毫盏中就浮起雪花似的沙沫。

世路既如此，但有肝胆向人；清议可奈何，曾无口舌造业。

【译文】

世事既然如此险恶，只有肝胆相照赤诚对人；别人的评判你无可奈何，却可以不去妄议别人，不去造口舌之业。

花抽珠渐落，珠悬花更生。风来香转散，风度焰还轻①。

【注释】

①"花抽"四句：摘自南朝梁元帝萧绎《对烛赋》。写蜡烛燃烧之景。南朝齐萧纲亦有《对烛赋》，亦写烛光摇曳，烛泪流淌："渐觉流珠走，熟视绛花多。

宵深色丽，焰动风过。"

【译文】

燃烧着的蜡烛，烛芯如花般抽长，烛泪就会渐渐落下，而融化的蜡烛越悬越高，烛芯越来越长。微风吹来香气散开，火焰也轻轻晃动。

视莲潭之变彩，见松院之生凉；引惊蝉于宝瑟，宿兰燕于瑶筐①。

【注释】

①"视莲潭"四句：摘自唐王勃《七夕赋》。写七夕之夜的景象。

【译文】

看莲花潭水变幻色彩，看松阴院落生出凉意；奏起宝瑟引动惊蝉，在瑶筐之中栖宿着懒燕。

蒲团布衲，难于少时存老去之禅心；玉剑角弓，贵于老时任少年之侠气。

【译文】

身着僧衣在蒲团上打坐，难得的是少年人有老来时的禅心；手拿玉剑，身悬角弓，可贵的是老了依然有少年的侠气。

卷十 豪

本卷所集诗文句子，是讲述豪爽之气、豪侠之行的，令人读罢热血沸腾，心胸为之豁然，同时也有一部分内容是讲什么是伪豪气，什么是伪豪侠，从反面再讲豪气之难能可贵。

"桃花马上春衫，少年侠气；贝叶斋中夜衲，老去禅心"，桃花马上，着春衫的少年，洋溢着生命的朝气，风驰电掣而过，眉宇之间自有豪气；而青春老去，在素斋之中，安静的深夜，悟禅听经，又何尝不是另一种豪兴？只不过，一种张扬，一种安静。

豪情万丈，如李白，诗兴酒兴正浓，又逢到绝世美景，"划却君山好，平铺湘水流。巴陵无限酒，醉杀洞庭秋"，天地豪阔，却也豪阔不过人心。而作为有豪气的人，不仅仅在美酒美景里纵情，更主要的是在人品心胸和精神境界上，保持着豪气，"所以君子宁以风霜自挟，毋为鱼鸟亲人"，保持独立的人格，有清正的节操，不仗势凌人，不奴颜婢膝，也不包藏私心，这，也许才是"豪"在做人方面的体现。

存几份侠气，留一点素心，宠辱不惊，也是一种豪气。老子《道德经》曰："何谓宠辱若惊？宠为上，辱为下，得之若惊，失之若惊。是谓宠辱若惊。"宠辱若惊，人生便多苦恼，真正的豪气过人者，方能宠辱不惊，拥有内心的清宁和镇定。

或儿女情，或英雄气，或柔肠，或侠骨，无论低调或高扬，有那么一点豪气在，便不会英雄气短。

今世矩视尺步之辈，与夫守株待兔之流，是不束缚而阱者也。宇宙寥寥，求一豪者，安得哉？家徒四壁，一掷千金，豪之胆；兴酣落笔，泼墨千言，豪之才；我才必用，黄金复来，豪之识。夫豪既不可得，而后世倜傥之士，或以一言一字写其不平，又安与沉沉故纸同为销没乎！集豪第十。

【译文】

当今世上目光短浅、故步自封之辈，与那些守株待兔之徒，都属于不用被别人束缚就自入陷阱的人。宇宙浩大，找一个豪放之人，哪里有？家里穷得只剩四壁，却仍然能一掷千金，这是豪放之人的胆量；兴致来了，提笔落墨，洋洋千言，这是豪放之人的才气；懂得天生我才必有用，黄金散尽还复来，这是豪放之士的见识。既然豪放之人不可得，那么后世那些风流倜傥的人，倘有以一言一字来写他心中的不平，又怎能与沉沉的旧纸一同消磨而被埋没呢！集豪第十。

桃花马上春衫，少年侠气；贝叶斋中夜衲，老去禅心。

【译文】

桃花马上春衫飘飘，洋溢的是少年的豪侠之气；佛寺深夜里僧衣垂垂，呈现的是苍老淡泊的禅心。

骥虽伏枥，足能千里；鹄即垂翅，志在九霄。

【译文】

骏马虽然被驯养在马厩中，其足仍然能够奔驰千里；鸿鹄即使折断翅膀，其志向仍然在高天上翱翔。

个个题诗，写不尽千秋花月；人人作画，描不完大地江山。

【译文】

即便人人都做诗，也写不完千秋的风花雪月；即使人人都作画，也画不完辽阔壮美的大地江山。

慷慨之气，龙泉知我；忧煎之思，毛颖解人。

【译文】

龙泉剑知道我心中的慷慨之气，毛笔最了解我内心的忧愁和焦虑的思绪。

不能用世而故为玩世，只恐遇着真英雄；不能经世而故为欺世，只好对着假豪杰。

【译文】

不能被世所用而故意玩世不恭，只恐怕会遇着真正的英雄；不能做出一番事业，却故意欺世盗名，只好面对假豪杰。

绿酒但倾，何妨易醉？黄金既散，何论复来？

【译文】

美酒尽管倾倒，一下子醉倒又有何妨？黄金既然用去，何必再论还会不会再来？

诗酒兴将残，剩却楼头几明月；登临情不已，平分江上半青山。

【译文】

诗兴酒兴将尽，只剩下楼头的几许明月；登山临水情怀不能自已，竟欲平分江上的青山。

风会日靡，试具宋广平之石肠①；世道莫容，请收姜伯约之大胆②。

【注释】

①宋广平之石肠：宋广平，即唐代名相宋璟，封广平王。据唐皮日休《皮子文薮·桃花赋序》载："余慕宋广平之为相，贞姿劲质，刚态毅状，疑其铁肠石心，不能吐婉媚辞。"

②姜伯约之大胆：指三国时蜀汉名将姜维，字伯约，《三国志·蜀书·姜维传》记载："维死时见剖，胆大如斗。"

【译文】

社会风气日渐堕落，试着拥有宋璟那样刚正严毅的铁石心肠；不为世道所容，请收起姜维那样的大胆。

吐虹霓之气者，贵挟风霜之色；依日月之光者，毋怀雨露之私。

【译文】

有霓虹般气势的人，必须带有风霜清峻之色；可依托日月之光的人，不要怀有独占恩惠的私心。

清襟凝远，卷秋江万顷之波；妙笔纵横，挽昆仑一峰之秀。

【译文】

清净的襟怀凝结悠远，卷起秋江万顷的波涛；妙笔纵横挥洒，挽起昆仑一峰的秀色。

闻鸡起舞，刘琨其壮士之雄心乎①；闻筝起舞，迦叶其开士之素心乎②！

【注释】

① "闻鸡" 二句：《晋书·祖逖传》载祖逖与刘琨是同事兼好友，同榻而眠，闻鸡鸣而起床练剑。

② 开士：菩萨的别称。

【译文】

闻鸡起舞，刘琨表现出壮士的雄心；闻筝起舞，迦叶表现的是菩萨的素心。

读书倦时须看剑，英发之气不磨；作文苦际可歌诗，郁结之怀随畅。

【译文】

读书疲倦时要看看剑，勃发的英气便不会被消磨掉；作文苦思之时可以吟吟诗，郁结的情怀就能够随之舒畅。

交友须带三分侠气，作人要存一点素心。

【译文】

与朋友相交要带有三分侠气，做人要保留一份纯朴之心。

栖守道德者，寂寞一时；依阿权变者，凄凉万古。

【译文】

遵守道德的人，会有一时的寂寞；依附权势、投机取巧的人，必将承受万古的凄凉。

肝胆煦若春风，虽囊乏一文，还怜茕独；气骨清如秋水，纵家徒四壁，终傲王公。

【译文】

肝胆和煦若春风，即使囊中一文钱都没有，也会怜悯那些孤苦无依之人；如果气节、骨气如秋水般清澈，纵然家里穷得只剩四壁，也可傲视王公贵族。

献策金门苦未收，归心日夜水东流。扁舟载得愁千斛，闻说君王不税愁。

【译文】

向皇帝进言进策，可惜没有被采纳，归去之心犹如这日夜东流的水一般不肯止息。小舟上承载的是千斛的愁绪，听说君王对"愁"是不征税的。

龙津一剑，尚作合于风雷①；胸中数万甲兵②，宁终老于牖下？

【注释】

①"龙津"二句：据《晋书·张华传》载，张华与雷焕得二宝剑分佩之，后张华被诛，他的剑丢失了。雷焕死后，其子持其剑过平津，剑从腰间跃出坠水后不见了，只见两条龙在水波中舞动。

②胸中数万甲兵：据《魏书·崔浩传》载，北魏太武帝对新归降首领称赞崔浩说："汝曹视此人，尪纤懦弱，手不能弯弓持矛，其胸中所怀，乃逾于甲兵。"

【译文】

一把龙津宝剑，尚且可以在风雷中与另一把剑相合；胸中藏有数万甲兵，富有韬略，难道能终老于家中吗？

英雄未转之雄图，假糟丘为霸业^①；风流不尽
之余韵，托花谷为深山^②。

【注释】

①糟丘：酿酒所余的酒糟堆积如山，指沉溺于酒中。

②花谷：鲜花开满山谷，指沉溺于声色。

【译文】

英雄的壮志雄图未实现之时，暂将美酒当作霸业，沉
溺于酒乡；风流才子的才华不能完全施展，便将美女丛中
当作退隐的深山。

大丈夫居世，生当封侯，死当庙食。不然，闲
居可以养志，诗书足以自娱^①。

【注释】

①"大丈夫"几句：摘自《后汉书·梁竦传》。写梁竦
　郁郁不得志时，登高感慨自抒胸臆。

【译文】

大丈夫处于世间，活着当立功封侯，死了应当立庙受
祭。若不能如此，闲居也可以涵养志气，读诗书也足以自
我愉悦性情。

不恨我不见古人，惟恨古人不见我。

【译文】

不遗憾我没有见到古人，只遗憾古人没能见到我。

荣枯得丧，天意安排，浮云过太虚也；用舍行藏，吾心镇定，砥柱在中流乎！

【译文】

盛衰得失，是上天的安排，如同浮云飘过天空；无论是为世所用，出来做事，还是不被任用而退隐，我心中都非常镇定，就如砥柱山一般坚定地立在黄河的急流中！

曹曾积石为仓以藏书，名曹氏石仓①。

【注释】

①曹氏石仓：晋代王嘉《拾遗记》载，东汉时曹曾聚书很多，到了时代动乱，家家都烧掉藏书，他考虑到可能遭遇不测，于是用石筑仓，保护藏书。

【译文】

曹曾堆积石头建筑仓库用来藏书，称之为曹氏石仓。

丈夫须有远图，眼孔如轮，可怪处堂燕雀①；豪杰宁无壮志，风棱似铁②，不忧当道豺狼。

【注释】

①处堂燕雀：《孔丛子·论势》："燕雀处屋，子母相哺，煦煦焉其相乐也，自以为安矣，灶突炎上，栋宇将焚，燕雀颜色不变，不知祸之将及己也。"
②风棱：指风骨。

大丈夫应当有长远的计划，眼睛睁大如轮，对燕雀处于屋檐之下不知祸患将至的情形感到奇怪；豪杰之士岂能没有壮志，风骨刚正如铁，不怕那些挡路的恶人。

云长香火，千载遍于华夷；坡老姓字，至今口于妇孺。意气精神，不可磨灭。

【译文】

关羽的香火，千百年来遍布于全国；苏东坡的姓名字号，到今天仍然被普通百姓提起。可知意气与精神，是不能被磨灭的。

登高远眺，吊古寻幽。广胸中之丘壑，游物外之文章。

【译文】

登高远眺，凭吊古迹，寻找幽境。借自然的山陵和溪谷以使心中的境界更深远，遨游于物外，使文章更酣畅。

胡宗宪读《汉书》①，至终军请缨事②，乃起拍案曰："男儿双脚当从此处插入，其它皆狼藉耳！"

【注释】

①胡宗宪：明代战将，平倭有功，官至太子太保。

②终军请缨：终军，西汉人。汉武帝时官至谏议大夫，
南越王反，终军请缨曰：“愿受长缨，必羁南越王而
致之阙下。”至南越，顺利平叛。

【译文】

明代战将胡宗宪读《汉书》，读到终军主动请缨去平复
叛乱，拍案而起，说：“男子汉应当像这样去做事，其他的
都是凌乱无用！”

宋海翁才高嗜酒①，睥睨当世。忽乘醉泛舟海
上，仰天大笑，曰：“吾七尺之躯，岂世间凡土所能
贮？合以大海葬之耳！”遂按波而入。

【注释】

①宋海翁：即明代宋登春，号海翁、鹅池生。性格狂
放，多有奇行怪举，里中呼为狂生。

【译文】

明代宋海翁才华卓越而好酒，傲视世人。忽然一天乘
着酒兴泛舟海上，仰天大笑，说：“我堂堂七尺之躯，岂是
世间这些平凡的土地可收贮的？应当葬身于大海。”于是踏
着波涛跃入大海。

王仲祖有好形仪①，每览镜自照，曰：“王文开
那生宁馨儿②？”

【注释】

①王仲祖：即东晋王濛，字仲祖。

②宁馨儿：这样的孩子，表示赞叹。

【译文】

王仲祖生来容貌漂亮，每每对着镜子自照，说："我父亲王文开怎么生了这样漂亮的儿子？"

毛澄七岁善属对①，诸喜之者赠以金钱，归掷之曰："吾犹薄苏秦斗大，安事此邓通靡靡②？"

【注释】

①毛澄：明代人，弘治元年（1488）状元，官至礼部尚书。

②邓通：西汉人，受汉文帝宠信，可以自行铸钱，因此邓氏钱满天下。后以"邓通"代指钱。

【译文】

毛澄七岁就很擅长对对子了，那些喜欢他的人赠他金钱，回家他就把钱扔下，说："我都瞧不上苏秦那斗大的相印，哪里在意这区区小钱呢？"

梁公实荐一士于李于麟①，士欲以谢梁，曰："吾有长生术，不惜为公授。"梁曰："吾名在天地间，只恐盛着不了，安用长生！"

【注释】

①梁公实：即明人梁有誉，字公实。李于麟：即明代李攀龙。

【译文】

梁公实向李于麟推荐了一个读书人，读书人想要谢谢梁公实，说："我有长生不老的法术，不吝惜传给您。"梁公实说："我的名声之大，天地间恐怕都盛不下，哪用长生不老呢！"

吴正子穷居一室，门环流水，跨木而渡，渡毕即抽之。人问故，笑曰："土舟浅小，恐不胜富贵人来踏耳！"

【译文】

南宋吴正子居住在一间简陋的房子里，门前环绕着流水，用一木板架在水上作为桥，过了河便把木板抽去。别人问他缘故，他笑着回答："小舟窄小，恐怕承受不住富贵人前来踏足。"

吾有目有足，山川风月，吾所能到，我便是山川风月主人。

【译文】

我有眼睛有双脚，山川风月，只要是我能走到能看到的，我便是那山川风月的主人。

志欲枭逆虏，枕戈待旦，常恐祖生，先我着鞭①。

【注释】

①"志欲"几句：摘自《世说新语·赏誉下》，是引述
　刘琨的话。

【译文】

志向是将叛将斩首，枕着戈矛睡觉等待天亮，常常怕
祖逖先我上马出战。

　　旨言不显，经济多托之工瞽刍荛；高踪不落，
英雄常混之渔樵耕牧。

【译文】

深刻的话其实不张扬，有治世之才的人大多托以乐师
或割草打柴的平常人身份；高逸的人不落俗套，英雄常常
混杂在渔夫、樵夫、农夫、牧人这些普通的百姓中。

　　管城子无食肉相，世人皮相何为？孔方兄有绝
交书①，今日盟交安在？

【注释】

①孔方兄：铜钱的别称。宋代黄庭坚一生仕途不顺，
　时有牢骚，常有归隐之思。他在《戏呈孔毅父》诗
　中写道："管城子无肉食相，孔方兄有绝交书。文章
　功用不经世，何异丝窠缀露珠？校书著作频诏除，
　犹能上车问何如。忽忆僧床同野饭，梦随秋雁到东
　湖。"

【译文】

毛笔没有富贵之相，世俗之人又何必在乎这些表面之相呢？铜钱已有绝交的书信，事到如今，所谓的交情在哪里？

襟怀贵疏朗，不宜太逞豪华；文字要雄奇，不宜故求寂寞。

【译文】

胸怀贵在开阔明朗，不应过于卖弄豪华；文字气势要雄伟奇特，不应故意追求冷清恬淡。

才以气雄，品由心定。

【译文】

才华因气势的充盈而称雄，品质由心的善恶来决定。

为文而欲一世之人好，吾悲其为文；为人而欲一世之人好，吾悲其为人。

【译文】

写文章而想要世上的人都说好，我为他写的文章而悲哀；做人想要世上的人都说他好，我为他如此做人而感到悲哀。

胸中无三万卷书，眼中无天下奇山川，未必能文。纵能，亦无豪杰语耳。

【译文】

胸中若没有读过三万卷书，眼里若没有见过天下的雄奇山川，不一定能够写文章。纵然能写，也没有精彩杰出的语句。

孟宗少游学，其母制十二幅被，以招贤士共卧，庶得闻君子之言。

【译文】

三国时孟宗少年外出游学，他母亲为他缝制了十二幅布的大被子，以招来贤良之士共同坐卧，希望能聆听到君子的有益之言。

张烟雾于海际，耀光景于河渚；乘天梁而浩荡，叫帝阍而延伫①。

【注释】

①"张烟雾"几句：摘自南朝梁江淹《丽色赋》。此句写丽色之美，值得如此追求。

【译文】

烟雾在海边弥漫，光影闪耀于河边沙洲；乘着银河浩荡而行，叫天门而徘徊等待。

声誉可尽，江天不可尽；丹青可穷，山色不可穷。

【译文】

声誉可以穷尽，但是江天无法穷尽；画的颜料可以穷尽，但是山色不可穷尽。

闻秋空鹤唳，令人逸骨仙仙；看海上龙腾，觉我壮心勃勃。

【译文】

听到秋天空中鹤的鸣叫，令人觉得身体飘逸若仙；看到海上波涛汹涌，令我觉得壮志凌云、雄心勃勃。

明月在天，秋声在树，珠箔卷啸倚高楼；苍苔在地，春酒在壶，玉山颓醉眠芳草。

【译文】

明月高挂在天空，秋风在树间吹响，卷起珍珠的帘子，长啸倚立于高楼之上；苍苔在地上茂密生长，春酒在壶中盛放，喝醉了如玉山般倾倒，在芳草中酣眠。

胸中自是奇，乘风破浪，平吞万顷苍茫；脚底由来阔，历险穷幽，飞度千寻香霭。

胸中自有奇气，乘风破浪，可以平吞万顷苍茫的大海；脚底从来开阔，历尽艰险穷尽幽境，飞越千寻香雾。

松风涧雨，九霄外声闻环佩，清我吟魂；海市蜃楼，万水中一幅画图，供吾醉眼。

【译文】

松间风，涧中雨，仿佛是九霄之外听到环佩声响，令我诗心顿觉清爽；海市蜃楼，仿佛万水之中的一幅画图，供我醉眼消遣。

人每谀余腕中有鬼，余谓：鬼自无端入吾腕中，吾腕中未尝有鬼也。人每责余目中无人，余谓：人自不屑入吾目中，吾目中未尝无人也。

【译文】

人们每每奉承我说我腕中有鬼神相助，文章写得精彩，我说：鬼无法进入我的腕中，我的腕中未曾有鬼。人们往往责备我目中无人，我说：人自己不屑进入我的眼中，我眼中未曾没有别人。

天下无不虚之山，惟虚故高而易峻；天下无不实之水，惟实故流而不竭。

【译文】

天下没有不虚怀纳物的山，只有虚纳，才能高而险峻；天下没有不充实的水，正因为充实，所以才能够奔流而不枯竭。

放不出憎人面孔，落在酒杯；丢不下怜世心肠，寄之诗句。

【译文】

脸上显不出憎恶人的面孔，只好借酒杯来消解郁闷；放不下怜惜世人的心肠，所以用诗句来寄托情怀。

春到十千美酒①，为花洗妆②；夜来一片名香，与月熏魄。

【注释】

①十千美酒：每斗酒价钱十千钱，言其名贵。王维《少年行》："新丰美酒斗十千，咸阳游侠多少年。"

②为花洗妆：唐冯贽《云仙杂记·为梨花洗妆》："洛阳梨花时，人多携酒其下，曰：为梨花洗妆。"

【译文】

春天来临，在花下品饮名贵的美酒，为花洗妆；夜里点起一片名香，为月亮熏其魂魄。

忍到熟处则忧患消，淡到真时则天地赘。

忍耐到了时机成熟时忧患就消失了，到了真正淡泊的时候，天地就显得多余了。

醺醺熟读《离骚》，孝伯外敢曰并皆名士①？碌碌常承色笑，阿奴辈果然尽是佳儿②。

【注释】

①"醺醺"二句：《世说新语·任诞》载："王孝伯（恭）言：'名士不必须奇才，但使常得无事，痛饮酒，熟读《离骚》，便可称名士。'"

②"碌碌"二句：《世说新语·识鉴》载："周伯仁母冬至举酒赐三子曰：'吾本谓度江托足无所，尔家有相，尔等并罗列吾前，复何忧？'周嵩起，长跪而泣曰：'不如阿母言。伯仁为人志大而才短，名重而识暗，好乘人之弊，此非自全之道。嵩性狼抗，亦不容于世。唯阿奴碌碌，当在阿母目下耳！'"

【译文】

饮酒熟读《离骚》，王孝伯之外谁敢说都是名士？资质平庸，却能在膝下常承欢颜笑语，阿奴之辈果然尽是好孩子。

飞禽铩翮①，犹爱惜乎羽毛；志士捐生，终不忘乎老骥。

【注释】

①翮（hé）：翅膀。

【译文】

飞禽的翅膀伤了，仍然爱惜它的羽毛；有志之士即便死去，犹不忘记老骥伏枥，奋发图强。

敢于世上放开眼，不向人间浪皱眉。

【译文】

敢于在这人世放眼观望，决不会向人间徒劳皱眉。

缥缈孤鸿，影来窗际，开户从之，明月入怀，花枝零乱，朗吟"枫落吴江冷"之句①，令人凄绝。

【注释】

①枫落吴江冷：是唐朝诗人崔信明的一句诗。《环溪诗话》云："前辈诗有以一联得名，有以一句得名，如'枫落吴江冷'、'空梁落燕泥'，但以一句得名，已为人所忌。"

【译文】

孤鸿缥缈的影子，掠过窗边，打开门追随它，只见到明月照入怀中，花枝在风中摇曳，高吟"枫落吴江冷"的诗句，令人感到极其凄凉。

云破月窥花好处，夜深花睡月明中^①。

【注释】

① "云破"二句：摘自唐伯虎《花月吟》其一。全诗
  为："转东墙花影重，花迎月魄若为容。多情月照花
  间露，解语花摇月下风。云破月窥花好处，夜深花
  睡月明中。人生几度花和月？月色花香处处同。"

【译文】

云朵散开，月光来窥探花的美丽，夜深了，花儿就睡
在月亮的明辉之中。

三春花鸟犹堪赏，千古文章只自知。文章自是
堪千古，花鸟三春只几时？

【译文】

三春的花鸟仍然值得欣赏，千古文章只有自己知道。
文章自然能流传千古，花鸟春光又能持续几时呢？

士大夫胸中无三斗墨，何以运管城？然恐酝酿
宿陈，出之无光泽耳。

【译文】

士大夫胸中没有三斗墨水，怎么能运笔写作呢？只
怕一直酝酿思考，过夜而变得陈旧，表达出来就没有光
彩了。

攫金于市者，见金而不见人^①；剖身藏珠者，爱珠而忘自爱^②。与夫决性命以饕富贵，纵嗜欲以损生者何异？

【注释】

①"攫金"二句：《列子·说符》载："昔齐人有欲金者，清旦衣冠而之市，适鬻金者之所，因攫其金而去。吏捕得之，问曰：'人皆在焉，子攫人之金何？'对曰：'取金之时，不见人，徒见金。'"

②"剖身"二句：《资治通鉴·唐纪·太宗贞观元年》："上谓侍臣曰：'吾闻西域贾胡得美珠，剖身以藏之。有诸？'侍臣曰：'有之。'上曰：'人皆知彼之爱珠而不爱其身也。吏受赇抵法，与帝王徇奢欲而亡国者，何以异于彼胡之可笑邪！'"

【译文】

在市场上抢夺金子的人，眼中只见到金子没有见到人；把身体剖开把珠子藏进去的人，太喜欢那珍珠，却忘记了珍惜自己。这与那些拼了性命也要不满足地去寻求富贵的人、与那些放纵欲望而损害生命的人有什么不同？

李太白云："天生我才必有用，黄金散尽还复来。"杜少陵云："一生性僻耽佳句，语不惊人死不休。"豪杰不可不解此语。

【译文】

李白诗句云："天生我才，必然能得到施展，黄金用尽了还会再有。"杜甫有诗云:"一辈子性格孤僻,沉溺于寻求好的诗句,如若诗句不惊人,至死也不肯罢休。"豪杰不可以不懂得这些话。

得意不必人知,兴来书自圣;纵口何关世议,醉后语犹颠。

【译文】

领会旨趣不必非要别人知道,兴致来了所写的字自然就会极好;纵情议论,不关世间的评判,醉后的言语仍然癫狂不羁。

英雄尚不肯以一身受天公之颠倒,吾辈奈何以一身受世人之提掇?是堪指发,未可低眉。

【译文】

英雄尚且不肯以一己之身承受天公不公正的对待,我们这些人为何却以一己之身受到世人的捉弄?因此可以怒发冲冠,不可以低眉弯腰。

能为世必不可少之人,能为人必不可及之事,则庶几此生不虚。

【译文】

能成为世上必然不可缺少的人,能做普通人不可企及的事，这一生大概就没有虚度。

儿女情，英雄气，并行不悖；或柔肠，或侠骨，总是吾徒。

【译文】

儿女情感，与英雄气概，可以并行而不矛盾；有的是柔软的心，有的是侠义之骨，总之是我辈中人。

上马横槊，下马作赋，自是英雄本色；熟读《离骚》，痛饮浊酒，果然名士风流。

【译文】

上马便横槊作战，下马便可写诗作赋，当然是英雄的本来面目；熟读《离骚》，痛饮浊酒，果真是名士的风流态度。

诗狂空古今，酒狂空天地。

【译文】

诗狂是傲视古今诗人，酒狂则是傲视天地之间一切事物。

说剑谈兵，今生恨少封侯骨；登高对酒，此日休吟烈士歌。

【译文】

论剑谈兵，这一生遗憾少封侯的骨相；登高对饮，这一日不吟壮士之歌。

身许为知己死，一剑夷门①，到今侠骨香仍古；腰不为督邮折，五斗彭泽②，从古高风清至今。

【注释】

①夷门：指战国魏都大梁侯生（嬴），年七十尚为夷门守门小吏，信陵君奉为上宾。后来侯生献计解赵国之危，并信守与信陵君的约定，自刎而死。

②五斗彭泽：陶渊明不为五斗米折腰辞官归隐。

【译文】

此身许诺可为知己者死，夷门侯生伏剑自刎，到今天侠骨仍然生香；不为五斗米而向邮督折腰，陶渊明的高风亮节，从古流传到今。

剑击秋风，四壁如闻鬼啸；琴弹夜月，空山引动猿号①。

【注释】

①"剑击"几句：化用元代张可久《红绣鞋》散曲。曲文为："剑击西风鬼啸，琴弹夜月猿号，半醉渊明可人招。南来山隐隐，东去浪淘淘，浙江归路杳。"写满腹惆怅，郁郁不得志时的感受。

【译文】

在秋风中舞剑，四壁如同听到鬼在啸叫；在月夜之下弹琴，空山里引动猿猴哀号。

壮士愤懑难消，高人情深一往。

【译文】

壮士内心的愤慨难以消解，高人一向都是真情深厚。

卷十一 法

本卷题为"法",主要是讲"法度"。拘泥于法度,便不能洒脱自如,而逾越法度,过于放纵,又会走上歧路。孔子所云,随心所欲不逾矩的境界,实在难以达到。而中规中矩,不虚伪、不矫情,自是人应守的本分。本卷所集的内容,都与法度及分寸有关,讲究中节合度、真诚自然。

纵观所集的句子,与其说是在讲"法",勿宁说是讲"度",因为"法"易守而"度"难测。"世多理所难必之事,莫执宋人道学;世多情所难通之事,莫说晋人风流",宋人道学,谨守法度,而晋人潇洒,不以法度为意,都不是合适的"度"。合适的也许正是如文中所说的"合之双美,分之两伤也"。

不但对世人遵守什么样的"度"提出了建议,而且对于个人如何能圆融性情、得度得体也提出了好的建议。比如,指出对才华智慧杰出敏秀之人,应用学问来收敛他的浮躁;对志气节操慷慨激昂的人,应当用修习德性来融和他的偏激。比如"寡思虑以养神,剪欲色以养精,靖言语以养气"。

但这绝非要人圆滑无棱角,诚如《菜根谭》语曰:"当是非邪正之交,不可少迁就,少迁就则失从违之正;值利害得失之会,不可太分明,太分明则起趋避之私。"遇到是非决不可苟且,遇到个人得失,不必太过计较。"法",其实不是外界给你定的条条框框,而是内心的底线和原则,不逾矩,才能得自由。文中曰:"尚奇节,不如谨庸行",是啊,与其追求奇节奇行,不如把自己平常的日子过好,不失分寸。

自方袍幅巾之态^①，遍满天下，而超脱颖绝之士，遂以同污合流矫之，而世道不古矣。夫迂腐者，既泥于法，而超脱者，又越于法，然则士君子亦不偏不倚，期无所泥越则己矣，何必方袍幅巾，作此迂态耶！集法第十一。

【注释】

①方袍：僧人所穿的袈裟。因平摊为方形，故称方袍。

幅巾：古代男子以全幅细绢裹头的头巾。

【译文】

自从方袍幅巾的道学先生打扮遍布天下，而那些原本超凡脱俗的聪明士人，也以同流合污来加以纠正，世道就日渐衰微了。那迂腐的人，既然拘泥于法度，而超脱的人，又逾越法度，士君子能做到不偏不倚，期望无所拘泥、尤所逾越就罢了，何必非要方袍福巾，作出这种迂阔的样子来呢？集法第十一。

世无乏才之世，以通天达地之精神，而辅之以拔十得五之法眼。

【译文】

没有缺乏人才的时代，以顶天立地的豪迈精神，加上拔十得五的敏锐眼力就能挑选出人才。

一心可以交万友，二心不可以交一友。

一心一意可以交无数朋友，而心意不专，一个朋友也不会交到。

凡事，留不尽之意则机圆；凡物，留不尽之意则用裕；凡情，留不尽之意则味深；凡言，留不尽之意则致远；凡兴，留不尽之意则趣多；凡才，留不尽之意则神满。

【译文】

大凡做事，留有未完的意思就会机巧圆满；凡是物品，留有不尽之意就会用度宽裕；凡是感情，留有不尽之意就意味深长；凡是语言，留有不尽之意就情致悠远；凡是兴趣，留有不尽之意就趣味更多；凡是才华，留下不尽之意就神志饱满。

有世法，有世缘，有世情。缘非情，则易断；情非法，则易流。

【译文】

有世俗的法度，有世俗的缘分，有世俗的人情。缘分如果不符合人情，就容易断绝；人情如果不符合法度，就会流于放纵。

世多理所难必之事，莫执宋人道学；世多情所难通之事，莫说晋人风流。

【译文】

世上多的是那些合情理却难以做到的事，不要执着于宋人的道学之说；世上有许多情理难通之事，所以不要议论晋人的风流狂放。

与其以衣冠误国，不若以布衣关世；与其以林下而矜冠裳，不若以廊庙而标泉石。

【译文】

与其做官而危害国家，不如做百姓来关心世事；与其以隐逸之身而在乎功名身份，不如身在朝廷而心中以隐逸之士为榜样。

眼界愈大，心肠愈小；地位愈高，举止愈卑。

【译文】

眼界越是开阔，内心越要细致；地位越高，举止就越要谦卑。

少年人要心忙，忙则摄浮气；老年人要心闲，闲则乐余年。

【译文】

少年人的心要忙碌，忙碌就会收敛浮躁之气；而老年人的心要闲淡，闲淡就可以乐享晚年。

晋人清谈，宋人理学，以晋人遣俗，以宋人褆
躬①，合之双美，分之两伤也。

【注释】
①褆（tí）躬：安身。
【译文】
晋人推崇清谈，宋人推崇理学，以晋人的清谈来排斥
世俗，以宋人的理学来安身立命，合起来用就会兼有二者
之妙，要是分开来，就会两伤。

莫行心上过不去事，莫存事上行不去心。

【译文】
不要去做那些心里过意不去的事，不要有那些事理上
行不通的念头。

青天白日处节义，自暗室屋漏处培来；旋转乾
坤的经纶，自临深履薄处操出。

【译文】
光天化日之下所表现出来的节操和义气，是在别人看
不到的暗室之中也保持严谨周正而培养出来的；操纵乾坤
的能力和才干，是通过做每件事都小心翼翼如临深渊、如

履薄冰而训练出来的。

以积货财之心积学问，以求功名之念求道德，以爱子女之心爱父母，以保爵位之策保国家。

【译文】

以积聚财富的心去积累学问，以求取功名的念头去寻求道德，以爱子女的心去爱父母，以保全爵位的策略去保全国家。

才智英敏者，宜以学问摄其躁；气节激昂者，当以德性融其偏。

【译文】

才华智慧杰出敏秀之人，应用学问来收敛他的浮躁；志气节操慷慨激昂的人，应当用修习德性来融和他的偏激。

何以下达？惟有饰非；何以上达？无如改过①。

【注释】

①"何以"几句：《论语·宪问》："君子上达，小人下达。"邢昺疏曰："言君子小人所晓达不同也。本为上，谓德义也；末为下，谓财利也。言君子达于德义，小人达于财利。"无论达于不达，是文过饰非，还是不惮改过，都能反映出人的品质。

小人如何向下得到通达？只有靠掩饰自己的错误；君子如何向上得到通达？没有比改正过错更好的办法。

君子对青天而惧，闻雷霆而不惊；履平地而恐，涉风波而不疑。

【译文】

君子对着湛湛青天而心生畏惧，闻到雷霆之声便镇定而不惊慌；君子在平地上走路会小心翼翼，涉及风波之时能坦然不迷惑。

不可乘喜而轻诺，不可因醉而生嗔，不可乘快而多事，不可因倦而鲜终。

【译文】

不可因为趁着一时高兴就轻易许下诺言，不可因为醉酒而生气发火，不可贪图快意而惹是生非，不可因为倦怠而有始无终。

意防虑如拨，口防言如遏，身防染如夺，行防过如割。

【译文】

意念要防止胡思乱想如拨山般用力，口上防止乱说话要如阻拦洪水一般用心，身体防止受污染要像防止有人夺命一般小心，行为防止过错要像防止割肉般提防。

白沙在泥，与之俱黑，渐染之习久矣；他山之石，可以攻玉，切磋之力大焉。

【译文】

白沙浸在泥中，就与泥一般黑了，是因为长期浸染的缘故；他山之石，可以用来雕琢美玉，可见琢磨雕刻的功效之大了。

芳树不用买，韶光贫可支。

【译文】

美好的树木不用购买，自然中到处都有；美好的年华，就在你的手中，即使贫穷也可以支用。

寡思虑以养神，剪欲色以养精，靖言语以养气。

【译文】

减少思虑来怡养精神，断绝欲望和声色来巩固精气，使言语安静来涵养元气。

立身高一步方超达，处世退一步方安乐。

【译文】

立足安身要高人一步方可以超脱，而为人处世要退一步才可以安宁快乐。

救既败之事者，如驭临崖之马，休轻策一鞭；图垂成之功者，如挽上滩之舟，莫少停一棹。

【译文】

挽救已成败局的事，如同驾驭着那面临悬崖的马，轻轻一鞭都不要轻易挥动；谋求即将成功的胜利，如同牵挽着那逆水的船，不可稍微停一下。

是非邪正之交，少迁就则失从违之正；利害得失之会，太分明则起趋避之私。

【译文】

当是与非、正义与邪恶纠缠在一起时，稍微的迁就就能够失去正确的选择；当利与害、得与失交织时，太过分明就容易生出趋利避害的私心。

事系幽隐，要思回护他，着不得一点攻讦的念头；人属寒微，要思矜礼他，着不得一毫傲睨的气象。

【译文】

如果事情涉及到隐私，要想着回护他，万不可有一点攻击揭发的念头；人要是身在贫寒卑微之中，要庄重有礼待他，切不可有一丝一毫的骄傲轻视的态度。

毋以小嫌而疏至戚，勿以新怨而忘旧恩。

【译文】

不要因为小的嫌隙而疏远至亲的亲戚，不要因为新的怨恨而忘记了过去的恩德。

礼义廉耻，可以律己，不可以绳人。律己则寡过，绳人则寡合。

【译文】

礼义廉耻，可以用来律己，却不可以拿来苛求别人。严格要求自己就少有过错，过于挑剔别人就容易与人不睦。

凡事韬晦，不独益己，抑且益人；凡事表暴，不独损人，抑且损己。

【译文】

凡事注意韬光养晦，不但能够有益自己，而且能够助益别人；凡事过于张扬外露，不但损害别人，而且也对自己有害。

觉人之诈，不形于言；受人之侮，不动于色。

此中有无穷意味，亦有无穷受用。

【译文】

察觉到别人的欺诈而不说出来，受到别人的欺侮而不动声色。此中有无穷的意味，而且也受益不尽。

爵位不宜太盛，太盛则危；能事不宜尽毕，尽毕则衰。

【译文】

官位不要太高，太高了就有危险；擅长的本事不必都拿出来，都拿出来就会衰败了。

遇故旧之交，意气要愈新；处隐微之事，心迹宜愈显；待衰朽之人，恩礼要愈隆。

【译文】

遇到过去的老朋友，情意态度要更加真诚亲切；处理隐秘细小之事，思想与行为要更加光明磊落；对待那些老迈衰颓之人，恩情和礼节要更加隆重。

用人不宜刻，刻则思效者去；交友不宜滥，滥则贡谀者来。

【译文】

待人不应刻薄，如果刻薄，那些本来想为你效力的人也会离开；交友不应太不加选择，如果太滥，那些阿谀奉承的人就会趁机而来。

忧勤是美德，太苦则无以适性怡情；澹泊是高风，太枯则无以济人利物。

【译文】

忧虑勤劳、尽心尽力是美德，但过于苦虑，就无法调适并怡悦自己的性情；淡泊是高尚的风操，但是过于枯燥就不能对他人有所帮助。

作人要脱俗，不可存一矫俗之心；应世要随时，不可起一趋时之念。

【译文】

做人要超脱世俗，但不可存着一份纠正世俗之心；应对世事要随分安时，不可以生出趋奉潮流的念头。

从师延名士，鲜垂教之实益；为徒攀高第，少受诲之真心。

【译文】

请名士作为老师，很少能获得以身作则教诲的实际好处；当人徒弟，只想着攀附高门，就会少一颗接受教诲的真心。

病中之趣味，不可不尝；穷途之景界，不可不历。

【译文】

病中的趣味，不可以不体会；穷途末路的状况，不可以不经历。

才人国士，既负不群之才，定负不羁之行，是以才稍压众则忌心生，行稍违时则侧目至。

【译文】

才华卓越的人，既有不同流俗的才华，定然有放纵不拘的行为，所以才华稍微超过众人，别人就有嫉妒之心，行为稍微违背常规，别人就会侧目而视。

贵人之交贫士也，骄色易露；贫士之交贵人也，傲骨当存。

【译文】

位高之人与贫寒之士交往，往往容易露出骄矜之色；贫寒之人与位高之人交往，应当保留着高傲不屈的风骨。

君子处身，宁人负己，己无负人；小人处事，宁己负人，无人负己。

【译文】

君子立身处世，宁可让别人辜负自己，自己也决不可辜负别人；小人立身处事，宁可自己辜负别人，也不可以被别人辜负。

砚神曰淬妃，墨神曰回氏，纸神曰尚卿，笔神曰昌化，又曰佩阿。

【译文】

砚神叫淬妃，墨神叫回氏，纸神叫尚卿，笔神叫昌化，也叫佩阿。

要治世，半部《论语》①；要出世，一卷《南华》②。

【注释】

①半部《论语》：据宋罗大经《鹤林玉露》卷七载：宋初宰相赵普，人言所读仅《论语》而已。太宗赵光义因此问他。他说："臣平生所知，诚不出此，昔以其半辅太祖（赵匡胤）定天下，今欲以其半辅陛下致太平。"

②《南华》：《南华真经》，即《庄子》。

【译文】

要治理国家，半部《论语》便足够；要出离尘世，一卷《庄子》便足够。

祸莫大于纵己之欲，恶莫大于言人之非。

【译文】

祸患没有比放纵自己的欲望更大的了，恶行没有比说别人的是非更坏的了。

求见知于人世易，求真知于自己难；求粉饰于耳目易，求无愧于隐微难。

【译文】

寻求被世人所知容易，寻求真正了解自己很难；寻求文过饰非、掩人耳目容易，求得内心深处无愧很难。

圣人之言，须常将来眼头过、口头转、心头运。

【译文】

圣人的话，要常常拿来眼睛看、嘴里念、心里想。

与其巧持于末，不若拙戒于初。

【译文】

与其在事情结束时再去施展机巧弥补，不如事情伊始便安分守拙不去卖弄。

君子有三惜：此生不学，一可惜；此日闲过，二可惜；此身一败，三可惜。

【译文】

君子有三件可惜事：一可惜是此生不学无术，二可惜是今天无所事事浪费了一天，三可惜是这一生一事无成。

昼观诸妻子，夜卜诸梦寐，两者无愧，始可言学。

【译文】

白天坦然面对家人的观察，夜晚梦中亦扪心自问，这两者都毫无愧心，才可以开始讲究学问。

见人有得意事，便当生忻喜心；见人有失意事，便当生怜悯心：皆自己真实受用处。忌成乐败，徒自坏心术耳。

【译文】

见人有得意的事，便应当生出欣喜的心；看到别人有失意的事，便应当生出怜悯的心；这也都是自己能实实在在受益的。嫉妒别人的成功，幸灾乐祸，只能白白败坏自己的心术罢了。

恩重难酬，名高难称。

【译文】

恩情过重就难以酬报了，名声太高往往与实际难符。

待客之礼当存古意，止一鸡一黍，酒数行，食饭而罢，以此为法。

【译文】

待客之礼，应当保留古人之风，只用鸡和米待客，饮数巡酒，然后吃饭，然后就结束饭局，以此作为待客之道。

处心不可著，著则偏；作事不可尽，尽则穷。

【译文】

做事不可怀着自私的心处心积虑，一旦如此，便会不公正；做事不可做绝，一旦做绝就会没有退路。

士人所贵，节行为大。轩冕失之，有时而复来；节行失之，终身不可得矣。

【译文】

读书人所看重的，以节操为大事。官爵丢了，还有再来的时候，而节操有失，这一生都不可以再得到。

势不可倚尽，言不可道尽，福不可享尽，事不可处尽，意味偏长。

【译文】

权势不可以过于依仗，话不可以全说，福也不可以全享，事不可以做绝，此中意味深长。

静坐然后知平日之气浮，守默然后知平日之言躁，省事然后知平日之心忙，闭户然后知平日之交滥，寡欲然后知平日之病多，近情然后知平日之念刻。

【译文】

清心静坐，然后便能体会到自己平日心浮气躁；保持玄寂，然后便能知道自己平常语言躁急；减省事宜，然后便知道自己平常心绪忙碌；闭门谢客，然后便知道自己平常交往不慎；减少欲望，然后便知道自己平常毛病太多；体贴人情，然后便知道自己平常念头刻薄。

喜时之言多失信，怒时之言多失体。

【译文】

高兴时说的话往往不太可信，愤怒时说的话常常不得体。

泛交则多费，多费则多营，多营则多求，多求则多辱。

【译文】

交往过多就容易多花费，花费过多就容易多方经营，而多方经营就容易多方索求，多方索求就容易多受侮辱。

正以处心，廉以律己，忠以事君，恭以事长，信以接物，宽以待下，敬以治事，此居官之七要也。

【译文】

处心要公正，要求自己清廉，对待国君忠诚，对待长辈恭敬，接人待物要讲信用，对待下属要宽厚，对从事的工作要敬业，这是居官的七大原则。

青天白日，和风庆云，不特人多喜色，即鸟鹊且有好音。若暴风怒雨，疾雷幽电，鸟亦投林，人皆闭户。故君子以太和元气为主。

【译文】

天气明朗，风和云祥，不单是人多喜庆之色，就是鸟鹊也叫得好听。若是暴风骤雨，电闪雷鸣，鸟也归林，人都闭户。所以君子要以冲和之气为主。

胸中落"意气"两字，则交游定不得力；落"骚雅"二字，则读书定不深心。

【译文】

胸中一旦刻意注意"意气"这两个字，那么必定会交游不顺利；如果一旦刻意讲究"骚雅"这两个字，那么读书必定不深入。

交友之先宜察，交友之后宜信。

【译文】

交朋友应先考察，交往之后对朋友要信任。

惟书不问贵贱贫富老少，观书一卷，则增一卷之益；观书一日，则有一日之益。

【译文】

读书，不管贵贱贫富老少，只要看书一卷，就增长一卷的益处；看一天书，便有一天的收获。

坦易其心胸，率真其笑语，疏野其礼数，简少其交游。

【译文】

使心胸坦荡平易，使笑语真诚率直，使礼数淳朴不繁琐，使交流简单稀少。

不风之波，开眼之梦，皆能增进道心。

【译文】

没有风而涌起的波浪，睁着眼看到的梦境，都能够增进人们的悟道之心。

开口讥诮人，是轻薄第一件，不惟丧德，亦足
丧身。

【译文】

开口便讽刺嘲笑别人，是第一件轻薄的事，不只是丧
失德性，而且足以令人丧身。

人之恩可念不可忘，人之仇可忘不可念。

【译文】

要惦念而不是忘记别人对你的点点恩惠，要忘记而不
是惦念与人的仇怨。

不能受言者，不可轻与一言，此是善交法。

【译文】

不能承受别人的批评之言的人，不可以轻易向他进言，
这才是好的交往方法。

君子于人，当于有过中求无过，不当于无过中
求有过。

【译文】

君子对待别人，应当在错误中寻找没有错的地方，不

应当在没有过失的地方挑剔其中的过错。

我能容人，人在我范围，报之在我，不报在我；人若容我，我在人范围，不报不知，报之不知。自重者然后人重，人轻者由我自轻。

【译文】

我如果能够容纳别人，那么别人都在我的范围之内，报答与不报答，都由我决定。别人如果能容纳我，我便处在别人的范围之内，报答与不报答，别人都不知道。必须自己自重，别人才能看重你；如果自轻自贱，那么别人也就会轻视你。

高明性多疏脱，须学精严；狷介常苦迂拘，当思圆转。

【译文】

见识高明的人，性情大多不精细，应学一学精确严谨；性格执着之人，常常苦于迂腐拘束，应当思量灵活圆融。

欲做精金美玉的人品，定从烈火锻来；思立揭地掀天的事功，须向薄冰履过。

【译文】

想要获得精金美玉般高贵无瑕的人品，一定得经历过烈火的淬炼；想要做惊天动地的事业，必须从如履薄冰的谨慎小心中走过。

性不可纵，怒不可留，语不可激，饮不可过。

【译文】

性情不可放纵，愤怒不可存留，语言不可过激，饮酒不可过度。

能轻富贵，不能轻一轻富贵之心，能重名义，又复重一重名义之念，是事境之尘氛未扫，而心境之芥蒂未忘。此处拔除不净，恐石去而草复生矣。

【译文】

能看轻富与贵，但是不能够把看轻富贵之心看得很平常，能看重名义，但是又特别重视看重名义这回事，是内心世俗尘埃之念未扫净，心境里的渣滓未去掉，恐怕石头搬掉了杂草又会重生。

待小人不难于严，而难于不恶；待君子不难于恭，而难于有礼。

【译文】

对待小人，不难做到严厉，难的是内心不憎恶他们；对待君子，不难做到谦恭，难的是内心真正的礼敬。

市私恩，不如扶公议；结新知，不如敦旧好；立荣名，不如种隐德；尚奇节，不如谨庸行。

【译文】

收买个人感情，不如扶持公道；结交新朋友，不如巩固旧友谊；树立荣誉名声，不如埋下不张扬的德行；追求奇特的气节，不如使自己的日常行为严谨。

有一念而犯鬼神之忌，一言而伤天地之和，一事而酿子孙之祸者，最宜切戒。

【译文】

如果有一个念头而触犯了鬼神的忌讳，有一句话而伤害了天地的和气，有一件事而为子孙留祸患的，便是我们务必要避免的。

不实心，不成事；不虚心，不知事。

【译文】

如果不诚心，就做不成事；如果不虚心，就不会明白事理。

老成人受病，在作意步趋；少年人受病，在假意超脱。

老实人受到诟病，在于刻意地步步紧跟，不知变化；少年人受到批评，在于假装超脱世俗。

为善有表里始终之异，不过假好人；为恶无表里始终之异，倒是硬汉子。

【译文】

如果做善事表里不一，不过是个假好人；如果做坏事表里如一，倒算得上硬汉一条。

入心处咫尺玄门①，得意时千古快事。

【注释】

①玄门：精辟、奥妙的境界。出自《老子》第一章："玄之又玄，众妙之门。"

【译文】

如果真正心领神会，达到奥妙的境界也是咫尺可至，领会到人生真谛时真是千古快意之事。

世间会讨便宜人，必是吃过亏者。

【译文】

世间会讨便宜的人，必然是那些吃过亏的人。

衣垢不湔①，器缺不补，对人犹有惭色；行垢不湔，德缺不补，对天岂无愧心！

【注释】

①湔（jiān）：清洗。

【译文】

衣服上的污垢没有清洗，器物坏了没有修补，对人尚且有惭愧之色；行为有污垢不清洗，德行有亏损不修补，对天地难道没有愧心吗！

天地俱不醒，落得昏沉醉梦；洪蒙率是客，枉寻寥廓主人。

【译文】

天地都混沌不清醒，落得一场昏昏沉沉的醉梦；宇宙之间全都是过客，枉自寻找宇宙的主人。

老成人必典必则，半步可规；气闷人不吐不茹①，一时难对。

【注释】

①不吐不茹：形容人正直不阿，不欺软怕硬。《诗经·大雅·烝民》曰："人亦有言，柔则茹之，刚则吐之。维仲山甫，柔亦不茹，刚亦不吐，不侮矜寡，不畏强御。"

老成人做事必然要讲究按标准按规则来，半步也不能背离轨道；而气闷难平的人刚正不阿，一时也难以令人应对。

重友者，交时极难，看得难，以故转重；轻友者，交时极易，看得易，以故转轻。

【译文】

看重朋友的人，交友时很难交，因为他把交朋友看得很难，所以很重视；轻视友情的人，把交朋友看得很容易，所以反而不重视友谊。

掩户焚香，清福已具。如无福者，定生他想。更有福者，辅以读书。

【译文】

关起门来焚香，已经很有清闲的福分了。如果没有福分的人，一定会生出其他的杂想。要是更有福气的人，便会以读书来辅助闲福。

国家用人，犹农家积粟。粟积于丰年，乃可济饥；才储于平时，乃可济用。

【译文】

国家用人，正如农家积聚粮食。在丰收的年份积聚粮食，才可以救济荒年；人才必然于平时储备好了，才可以在需要的时候用得上。

考人品，要在五伦上见。此处得，则小过不足疵；此处失，则众长不足录。

【译文】

考察人品，要看他如何处理君臣、父子、兄弟、夫妻、朋友这五种关系。如果在五伦上做得好，那么小的过失不足以成为瑕疵；如果五伦上失当，那么他有再多的长处也不足为取。

国家尊名节，奖恬退，虽一时未见其效，然当患难仓卒之际，终赖其用。如禄山之乱，河北二十四郡皆望风奔溃，而抗节不挠者，止一颜真卿，明皇初不识其人。则所谓名节者，亦未尝不自恬退中得来也，故奖恬退者，乃所以励名节。

【译文】

国家尊重名誉节操，奖励恬静淡泊，虽然一时未必能够见到成效，但当忽然有灾难时，终久还要靠这个起作用。如安禄山之乱，黄河以北二十四郡都闻风溃散而逃了，而誓死抵抗、不屈不挠的人，只有一个颜真卿，唐明皇最初还不认识这个人。所以，所谓名誉节操，也未尝不可以从恬静淡泊中得来，所以奖励恬淡的人，也是激励坚守名誉节操的人。

志不可一日坠，心不可一日放。

【译文】
志向一天也不要坠落，心灵一天也不要放纵。

烈士不馁，正气以饱其腹；清士不寒，青史以暖其躬；义士不死，天君以生其骸。总之手悬胸中之日月，以任世上之风波。

【译文】
壮烈之士不感到饥饿，心中的正气足可以充实肚子；清廉之士不会感到寒冷，因为青史足可以温暖他的身体；忠义之士不会死去，他在人们的心中一直活着。总之，用手悬起胸中的日月，一任世上风波考验。

卷十二　倩

　　本卷题为"倩"。"倩"是一种含义丰富的多层次的美，既流利又婉转，既雅致又潇洒，是生命里难得的美。本卷所集文字，多写极其优美的境界，或淳朴自然，或明媚鲜妍，令人叹赏。

　　有清雅高华之致，如"有客到柴门，清尊开江上之月；无人剪蒿径，孤榻对雨中之山"，山间清风，江上明月，柴门多高致，荒径多逸人，雨中对着沉默的远山，人亦静，自然亦静，仿佛人和自然合为一体，物我不分。

　　诚乎如此，人与自然，在许多时候，有着不可言说的默契和呼应。体会到人生适意清宁之美，仿佛银河便在袖中。如川端康成《雪国》中，体会到人世悲欣交集的岛村，在火光，"抬眼一望，银河仿佛哗地一声，向岛村的心头倾泻下来"。

　　有路上寂寞而又安宁的风光："秋风解缆，极目芦苇，白露横江，情景凄绝。孤雁惊飞，秋色远近，泊舟卧听，沽酒呼卢，一切尘事，都付秋水芦花"，一路行来，白露茫茫，蒹葭苍苍，秋色无边，心头无一点尘埃。

　　甚至，一路的清景清境，让人忘记了归家："蓬窗夜启，月白于霜；渔火沙汀，寒星如聚。忘却客子作楚，但欣烟水留人"，月白如霜的深夜，江枫渔火，寒星遥遥，沉醉于自然和内心的宁静，忘记了身在异乡。能忘记客中乡思而醉心于异乡山水之人，自有其超脱高逸之胸怀。而人生有许多时候，沉痛忧思，异地月光，令人倍感神伤，如陆游在《鹊桥仙·夜闻杜鹃》中所写："茅檐人静，蓬窗灯暗，春晚连江风雨。林莺巢燕总无声，但月夜、常啼杜宇。催成清泪，惊残孤梦，又拣深枝飞去。故山犹自不堪听，况半世、飘然羁旅。"也许，正是因为那一地的月光，使得凄然的旅途，变得诗意盎然，在月华的流动中，暂时遗忘了伤痕。

倩不可多得，美人有其韵，名花有其致，青山绿水有其丰标。外则山臞韵士，当情景相会之时，偶出一语，亦莫不尽其韵，极其致，领略其丰标。可以启名花之笑，可以佐美人之歌，可以发山水之清音，而又何可多得！集倩第十二。

【译文】

倩不可多得，美人有其风韵，名花有其雅致，青山绿水有其风度。再加上隐逸之士，当情与景相合时，偶尔发出一句妙语，都曲尽其风韵，尽得其雅致，领会其风度。可以令名花绽放如笑，可以伴美人之歌，可以生发出山水的清越之音，这怎么可以多得！集倩第十二。

会心处，自有濠濮间想，无可亲人鱼鸟；偃卧时，便是羲皇上人，何必夏月凉风①？

【注释】

①"偃卧"三句：陶渊明《与子俨等疏》："常言五六月中，北窗下卧，遇凉风暂至，自谓羲皇上人。"

【译文】

会心之处，自然便生出逍遥无为的思绪，不必有前来与人亲近的鱼和鸟；安卧时，便是上古时淳朴闲适之人，何必一定要有夏日的习习凉风呢？

一轩明月，花影参差，席地便宜小酌；十里青山，鸟声断续，寻春几度长吟。

【译文】

一窗明月，花影长短不齐，席地随意小酌；十里青山，鸟声时断时续，前去寻春，引人数次长吟。

入山采药，临水捕鱼，绿树阴中鸟道；扫石弹琴，卷帘看鹤，白云深处人家。

【译文】

进山采药，靠水捕鱼，绿树阴凉中，有窄窄的小路；清扫山中场地，弹奏古琴，卷起帘子，看仙鹤起舞，白云深处有人家。

沙村竹色，明月如霜，携幽人杖藜散步；石屋松阴，白云似雪，对孤鹤扫榻高眠。

【译文】

沙滩边的村子竹色苍翠，明月皎洁如霜，与幽人柱杖散步；石屋边松阴浓密，白云洁白如雪，对着孤鹤打扫床榻安睡。

焚香看书，人事都尽。隔帘花落，松梢月上。钟声忽度，推窗仰视，河汉流云，大胜昼时。非有洗心涤虑、得意爻象之表者，不可独契此语。

【译文】

燃起香读书，人间俗事都不在心中。帘外花朵在飘落，月亮悄悄爬上松梢。远处忽然传来钟声，推开窗子仰视，只看到星河耿耿，云朵飞舞，比白天还要美得多。若不能澄心静虑，体会到天地、人生变幻之意，是不可以体悟到这境界的。

纸窗竹屋，夏葛冬裘，饭后黑甜，日中白醉，足矣！

【译文】

以纸为窗，以竹做屋，夏天穿葛布之衣，冬天有裘皮之衣，饭后安睡，中午温暖如醉，足够了！

收碣石之宿雾，敛苍梧之夕云。八月灵槎，泛寒光而静去；三山神阙，湛清影以遥连①。

【注释】

①"收碣石"一段：出自宋代阮昌龄《海不扬波赋》。

【译文】

收敛起碣石山昨夜的雾气，收敛起苍梧山傍晚的云彩。八月仙人的小船，在泛着寒光的海面上安静离去；三山的神阙，在清澈的海面上遥遥留下影子。

空三楚之暮天，楼中历历；满六朝之故地，草际悠悠①。

【注释】

①“空三楚”四句：摘自唐代黄滔《秋色赋》。

【译文】

使得三楚之地的天空空阔，楼阁中的一切清晰在目；六朝故地，满是秋色，荒草悠悠。

秋水岸移新钓舫，藕花洲拂旧荷裳。心深不灭三年字①，病浅难销十步香。

【注释】

①三年字：《古诗十九首·孟冬寒气至》：“置书怀袖中，三年字不灭。”指时刻不忘。

【译文】

新造的钓船在秋水中慢慢飘荡，藕花洲的荷叶轻拂旧时衣衫。心愿深深从来不曾忘掉，身有微恙，难以消受这十步香的香气。

翠微僧至，衲衣皆染松云；斗室残经，石磬半沉蕉雨。

【译文】

僧人从深山中来，僧衣之上都染着松树的翠色和云霞之气；斗室之中阅读未完的经卷，石磬的声音一半沉没在敲打芭蕉的雨声中。

黄鸟情多，常向梦中呼醉客；白云意懒，偏来僻处媚幽人。

【译文】

黄鸟多情，常常唤醒在醉梦中的人；白云意态懒散，偏偏来到偏僻的地方对幽人展现其妖媚。

美女不尚铅华，似疏云之映淡月；禅师不落空寂，若碧沼之吐青莲。

【译文】

美女不以涂抹铅华为美，似疏朗的云朵映衬着淡淡的月色；禅师不坠入空寂，如碧池之中开出青色的莲花。

肥壤植梅花，茂而其韵不古；沃土种竹枝，盛而其质不坚。

【译文】

以肥沃的土壤种植梅花，虽然茂盛但是韵味却不古朴；以肥沃的土壤种植竹子，虽然茂盛但是竹质却不坚实。

竹径松篱，尽堪娱目，何非一段清闲？园亭池榭，仅可容身，便是半生受用。

竹林小径、松枝篱笆，足可以悦目，岂止是一段清闲风景？园中的小亭、池中的台榭，小到仅可容身，便可供半生享用。

绿染林皋，红销溪水。几声好鸟斜阳外，一簇春风小院中。

【译文】

山林及水边高地都染上了绿色，溪水中满是飘落的花瓣。几声悦耳的鸟鸣回荡在夕阳外，一簇春风飘扬在小院中。

有客到柴门，清尊开江上之月；无人剪蒿径，孤榻对雨中之山。

【译文】

有客来到寒舍，斟满酒杯，对着江上明月共饮；无人走过荒凉的小径，孤独的一张床榻，正对着雨中的青山。

涧口有泉常饮鹤，山头无地不栽花。

【译文】

涧口有泉水，仙鹤常常前来饮水，山头所有的地方都栽种着花木。

瘦竹如幽人，幽花如处女。

【译文】

清瘦的竹子如同隐士，而幽静的花朵如同处女。

晨起推窗，红雨乱飞，闲花笑也；绿树有声，闲鸟啼也；烟岚灭没，闲云度也；藻荇可数，闲池静也；风细帘青，林空月印，闲庭悄也。山扉昼扃，而剥啄每多闲侣；帖括困人，而几案每多闲编。绣佛长斋，禅心释谛，而念多闲想，语多闲词。闲中滋味，洵足乐也。

【译文】

早晨起来推开窗子，落花飞舞，那是花儿悠闲含笑；绿树丛中传来声音，那是鸟儿自在啼鸣；池中水草荇菜历历可数，是池水悠闲无波；微风轻拂，帘色青葱，林间空旷，月亮朗照，是闲庭静悄悄。山野柴门白天关着，敲门的也多是悠闲无事的朋友；应试的科举文章令人困倦，而案几之上多闲书。绣着佛像，终年吃素，禅心佛理，而意念中多闲想，言语中多闲词。悠闲境界的滋味，实在是很快乐。

雨中连榻，花下飞觞，进艇长波，散发弄月。紫箫玉笛，飒起中流，白露可餐，天河在袖。

雨中连榻而坐，花下飞觞痛饮，驾起小船在连绵的波浪中戏水，披发赏月。紫箫玉笛的旋律，忽然从中流响起，只觉得白露可食，天河似乎在自己的衣袖之中。

午夜箕踞松下，依依皎月，时来亲人，亦复快然自适。

【译文】

午夜时分在松树下随意闲坐，皎洁的明月似乎有依依不舍之态，时时前来与人亲近，也足以令人感到快乐惬意。

中郎赏花云："茗赏上也，谈赏次也，酒赏下也。茶越而崇酒，及一切庸秽凡俗之语，此花神之深恶痛斥者。宁闭口枯坐，勿遭花恼可也。"

【译文】

袁中郎谈赏花说："喝茶赏花为上，清谈赏花为次，饮酒赏花为下。那些宫廷的御酒、越地的茶叶及一切平庸不雅无味的话，都是花神所深恶痛绝、严加斥责的。宁可闭口不言呆坐，也不要惹花神恼怒。"

赏花有地有时，不得其时而漫然命客，皆为唐突。寒花宜初雪，宜雨霁，宜新月，宜暖房；温花宜晴日，宜轻寒，宜华堂；暑花宜雨后，宜快风，

宜佳木浓阴，宜竹下，宜水阁；凉花宜爽月，宜夕
阳，宜空阶，宜苔径，宜古藤巉石边。若不论风
日，不择佳地，神气散缓，了不相属，比于妓舍酒
馆中花，何异哉！

【译文】

赏花要讲究地点和时间，如果不讲究时间或随便请客
人观赏，都是莽撞冒犯的。赏寒冷的秋季开的花，适宜在
雪刚下、雨刚晴、新月朦胧或是在暖房中；赏温暖的春季
开的花，适宜在晴天、微带寒意之天或者是在华美的厅堂
之上；赏暑热的夏天开的花，适宜在雨后、凉风过后、好
树浓阴中、竹林下或者水阁中；赏凉爽的秋季开的花，适
宜在凉爽的月下、夕阳的余晖中、空空的台阶上、长满苔
藓的小径上，或者是古藤奇石边。若是不管风雨阳光，不
选择好地点，神气又散漫，全然不在心上，与在青楼或酒
馆中看花，有什么区别呢！

云霞争变，风雨横天，终日静坐，清风洒然。

【译文】

云影霞光争相变幻，风雨横越天空，终日安静地坐着，
只觉得清风凉爽。

马蹄入树鸟梦坠，月色满桥人影来。

【译文】

马蹄声传入树林，将鸟儿从梦中惊醒；月色洒落桥头，隐隐有人踏月归来。

无事当看韵书，有酒当邀韵友。

【译文】

无事的时候该看看风雅的诗书，有酒的时候该邀请清雅的诗友。

红蓼滩头，青林古岸，西风扑面，风雪打头，披蓑顶笠，执竿烟水，俨在米芾《寒江独钓图》中。

【译文】

红蓼花在滩头开放，苍青的树林掩映着古老的堤岸，秋风扑面而来，风雪打在头上，披着蓑衣戴着斗笠，拿着鱼竿去烟水迷蒙的江上钓鱼，俨然就像在米芾所画的《寒江独钓图》中。

秋风解缆，极目芦苇，白露横江，情景凄绝。孤雁惊飞，秋色远近，泊舟卧听，沽酒呼卢，一切尘事，都付秋水芦花。

【译文】

在秋风中解开小舟的缆绳，荡舟而去，纵目远眺，芦苇丛生，白露连江，情景非常凄清。孤雁受惊飞起，远山近水都是秋色，把小船泊下，安安静静地卧听秋声，喝酒博戏，尘世间的所有事，都交付给这秋水与芦花。

设禅榻二，一自适，一待朋。朋若未至，则悬之。敢曰："陈蕃之榻，悬待孺子；长史之榻，专设休源①。"亦惟禅榻之侧，不容着俗人膝耳。诗魔酒颠，赖此榻祛醒。

【注释】

①休源：即南朝梁人孔休源，为晋安王长史，王于斋中特设一榻，曰"此是孔长史坐"。

【译文】

设两张禅榻，一是自己用，一是招待朋友。朋友若是没有来，就挂起来。正可说："陈蕃的床榻，是专门待徐孺子徐稚来访；晋安王府中的床榻，是专为孔休源而设。"而且我这床榻旁边，不允许俗人坐卧。为诗为酒而癫狂的人，靠此榻来去魔醒酒。

春夏之交，散行麦野；秋冬之际，微醉稻场。欣看麦浪之翻银，积翠直侵衣带；快睹稻香之覆地，新醅欲溢尊罍①。每来得趣于庄村，宁去置身于草野。

【注释】

①尊罍（léi）：泛指酒器。

春夏之交，在野外麦垄之间散步；秋冬之际，在打谷场上喝到微熏。欣然看麦浪如波翻滚，积聚的青翠之色浸润着衣带；畅快地看到芬芳的稻谷覆盖场地，新酿的美酒将要溢出壶盏。每次到村庄中都得到无穷的乐趣，宁愿离开官场，置身于这样的草野之中。

问客写药方，非关多病；闭门听野史，只为偷闲。

【译文】

询问客人开药方，不是因为多病；闭门听讲野史，只是为了偷得浮生半日闲。

岁行尽矣，风雨凄然，纸窗竹屋，灯火青荧，时于此间得小趣。

【译文】

一年将尽，风雨令人感到凄凉，纸窗竹屋之中，一盏青灯发出微光，不时可于此情景得到小小的乐趣。

山鸟每夜五更喧起五次，谓之报更，盖山间率真漏声也。

【译文】

山中的鸟儿每夜到五更天就喧闹鸣叫五次，称之为报更，这大概是山间最自然的报时声。

仙人好楼居，须岩嶤轩敞，八面玲珑，舒目披襟，有物外之观，霞表之胜。宜对山，宜临水；宜待月，宜观霞；宜夕阳，宜雪月。宜岸帻观书[①]，宜倚槛吹笛；宜焚香静坐；宜挥麈清谈。江干宜帆影，山郁宜烟岚；院落宜杨柳，寺观宜松篁；溪边宜渔樵、宜鹭鸶，花前宜娉婷、宜鹦鹉。宜翠雾霏微，宜银河清浅；宜万里无云，长空如洗；宜千林雨过，迭嶂如新；宜高插江天，宜斜连城郭；宜开窗眺海日，宜露顶卧天风；宜啸，宜咏，宜终日敲棋；宜酒，宜诗，宜清宵对榻。

【注释】

①岸帻：推起头巾，露出前额，形容态度潇洒，或衣着简率不拘。

【译文】

仙人喜欢住在楼上，楼要高峻宽敞，四壁窗户轩敞，室内通彻明亮，放眼远望，使胸襟开阔，有出尘脱俗之景观，是云霞之外的胜景。楼宜对着山，宜临着水；宜待月，宜观赏霞光；宜沐浴落晖，宜欣赏雪月。宜衣着闲适读书，宜倚栏吹笛；宜焚香静坐，宜挥着麈尾清谈。江中宜有帆影，山间宜有烟霞之气；院落宜有杨柳，寺庙中宜有松竹；溪边宜有渔樵、宜有鹭鸶，花前宜有美女娉婷、鹦鹉学语。宜翠雾霏霏，宜银河清浅；宜万里无云，长空清澈如洗；

宜雨过千林，重叠的山峦焕然如新；宜高耸入云，宜斜连城郭；宜开窗眺望海上日出，宜脱帽卧听天风；宜长啸，宜吟咏，宜终日下棋；宜饮酒，宜赋诗，宜在清静的夜晚对榻夜谈。

杨花飞入珠帘，帨巾洗砚；诗草吟成锦字，烧竹煎茶。良友相聚，或解衣盘礴，或分韵角险，顷之貌出青山，吟成丽句，从旁品题之，大是开心事。

【译文】

杨花飞入珠帘，拿起巾帕，清洗砚台；诗作吟成锦字回文，燃起竹子，煮茶待客。好友相聚，有的解开衣服岔腿而坐，有的分韵比赛赋诗，不一会儿就绘出了青山，吟出了优美的诗句，然后在旁边品评题字，真是非常开心的事。

小桥月上，仰眄星光，浮云往来，掩映于牛渚之间，别是一种晚眺。

【译文】

小桥横卧，新月初升，仰望星光，看到浮云往来飞舞，于牛渚山和长江之间遮掩映衬，是别有韵致的晚眺。

明窗净几，好香苦茗，有时与高衲谈禅；豆棚菜圃，暖日和风，无事听友人说鬼。

【译文】

窗明几净，有好香和苦茶，有时与高僧谈禅；豆棚之下，菜圃之中，太阳和煦，和风吹拂，闲来无事，听友人说鬼故事。

花事乍开乍落，月色乍阴乍晴，兴未阑，踌躇搔首；诗篇半拙半工，酒态半醒半醉，身方健，潦倒放怀。

【译文】

花儿忽开忽落，月色忽阴忽晴，余兴未尽，徘徊而惆怅；诗篇半好半坏，喝酒之态半醉半醒，身体还好，不妨无拘无束开怀而乐。

石上藤萝，墙头薛荔，小窗幽致，绝胜深山，加以明月清风，物外之情，尽堪闲适。

【译文】

石上爬着藤萝，墙头布满薛荔，小窗自有清幽的韵致，远胜深山中，再加上明月和清风，一派世外的超脱之情，尽可以闲散适怀。

出世之法，无如闭关。计一园手掌大，草木蒙茸，禽鱼往来，矮屋临水，展书匡坐，几于避秦，与人世隔。

出离尘世的方法，没有比得上闭门谢客了。开辟一个小小的园子，草木葱茏，飞禽游鱼往来其中，低矮的茅屋临着流水，打开书端坐，几乎就像是避秦时战乱而进入桃源的人，与人间隔绝。

临流晓坐，欸乃忽闻①，山川之情，勃然不禁。

【注释】

①欸乃：摇橹声。

【译文】

清晨在水边坐着，忽然听到传来摇橹的欸乃之声，山川情怀，顿时被激发出来，在心中回荡，令人情不自禁。

午夜无人知处，明月催诗；三春有客来时，香风散酒。

【译文】

夜半没有人知道的地方，明月前来催人诗兴；春天有客人来时，风中散发着酒香。

何处得真情？买笑不如买愁；谁人效死力？使功不如使过。

【译文】

何处才能寻到真情？买人欢笑不如为人排愁；谁能誓

死效力？任用有功之人不如任用有过之人。

芒鞋甫挂，忽想翠微之色，两足复绕山云；兰棹方停，忽闻新涨之波，一叶仍飘烟水。

【译文】

才把草鞋挂起来，忽然想起苍翠的山色，两脚又在山云间徘徊；小船刚刚停下，忽然听到新涨的水波声，一叶扁舟又重新在烟水间飘荡。

旨愈浓而情愈淡者，霜林之红树；臭愈近而神愈远者，秋水之白蘋。

【译文】

旨趣越浓而情意越淡泊的，正如经霜之后林中的红叶；香味越近而神韵越悠远的，正如秋水之上的白蘋。

山馆秋深，野鹤唳残清夜月；江园春暮，杜鹃啼断落花风。

【译文】

深秋的山间馆舍，野鹤悲鸣，直到月色将残；暮春的江畔园林，杜鹃悲啼，直到落花之风止息。

晚村人语，远归白社之烟^①；晓市花声，惊破红楼之梦。

【注释】
①白社：泛指隐士居住处。
【译文】
　　傍晚村人语笑喧哗，远远归去到升起炊烟的居所；清晨市上的卖花声，惊醒了红楼中的绮梦。

　　高卧酒楼，红日不催诗梦醒；漫书花榭，白云恒带墨痕香。

【译文】
　　高卧在酒楼之上，红日不会催醒诗梦；在花榭之中漫然品题，白云常带着墨痕的香气。

　　相美人如相花，贵清艳而有若远若近之思；看高人如看竹，贵潇洒而有不密不疏之致。

【译文】
　　看美人如看花，贵在清雅艳丽，而有似近似远的情思；看高人就像看竹，贵在潇洒，而有不密不疏的韵致。

　　寻芳者追深径之兰，识韵者穷深山之竹。

【译文】
　　寻找芳草的人，追寻到幽深的小径边的兰花；懂得雅韵的人，看遍了深山中的翠竹。

逸字是山林关目，用于情趣，则清远多致；用于事务，则散漫无功。

【译文】

"逸"字是隐居山林最重要的特点，用之于情趣，就会清雅悠远而多韵致；但用之于事务上，就会散漫没有效果。

宇宙虽宽，世途眇于鸟道；征逐日甚，人情浮比鱼蛮。

【译文】

宇宙虽然广阔，但人生之路却比鸟道还要窄；争名夺利，一天比一天严重，人心就像渔夫所驾的小船一样飘浮不定。

高士岂尽无染？莲为君子，亦自出于污泥；丈夫但论操持，竹作正人，何妨犯以霜雪？

【译文】

高洁之士怎么可以完全脱离世俗呢？莲花是花中君子，也是从污泥中长出来的；大丈夫只论操守，像竹子一般正直，即使受到风霜雨雪的欺凌，又有何妨？

急不急之辨，不如养默；处不切之事，不如养静；助不直之举，不如养正；恣不禁之费，不如养福；好不情之察，不如养度；走不实之名，不如养晦；近不祥之人，不如养愚。

【译文】
急于辩白那不紧要的事，不如保持沉默；处理不太切实的事，不如保持安静；帮助不义的举动，不如涵养正气；挥霍不必要的花费，不如修养福气；喜好不合情理的调查研究，不如培养气量；传扬不合实际的名声，不如韬光养晦；亲近不善的人，不如保持愚拙。